国家地理图解万物大百科
岩石与矿物

西班牙 Sol90 公司　编著　　朱建廷　译

江苏凤凰科学技术出版社 · 南京

目 录

地球的记忆

岩石，就像飞机上的黑匣子，内部蕴含着过去的重要信息。岩石无处不在，在群山中的山洞里，混杂在地质褶皱中，抑或位于海洋、湖泊的底部，它们始终保持着过去时代的遗迹。通过对岩石的研究，我们能够重构地球的历史。即使是最不起眼的岩石，也能够生动讲述过往年代的故事。自宇宙伊始它们就出现了，40多亿年前的宇宙尘是它们的前身。它们一直默默见证着地球经历的种种沧桑巨变，深知冰川时代的冰雪严寒、地球内部的炎炎酷热以及海洋的惊涛骇浪，它们保

分、形状和纹理还将提供关于历史地质事件及地表情况的各种线索。从本书的字里行间，从极富视觉冲击力的插图中，你将看到关于岩石的解读和关于各种常见自然力量的丰富信息，并有机会认识各种重要的矿物，了解它们的理化特性和形成环境。

你知道吗，许多人类生活中必不可少的矿物都来源于地壳和海洋。在地壳中发现的煤炭、石油和天然气使我们能够开车去旅行、在家中得到供暖。事实上，我们周围的许多产品都有岩石和矿物的参与，例如铝用于生产啤酒罐，铜用于生产电缆，钛以及其他耐用金属混合物用于制造宇宙飞船……毫不夸张地说，你手中的这本书充满了妙趣横生、丰富实用的信息，千万不要错过！

存着亿万年来风、雨、冰雪和温度变化等诸多外部力量一刻不停地对地表进行改变的大量信息。

在各种古代文明中，岩石象征着永恒，这种理念贯穿古今。岩石似乎是一种永恒的存在，但它们也会经历循环再生。5 000 万年前，世间的一切都和我们现在所看到的不同，安第斯山脉、喜马拉雅山脉以及撒哈拉沙漠都是如此。岩石的风化和侵蚀作用虽然很缓慢，但是却从未停止。这颠覆了我们认为地球的外部特征是不变的想法。未来又会发生怎样的变化呢？现在我们一无所知，唯一可以确定的是，岩石还会一直存在，而且岩石的化学成

地壳运动

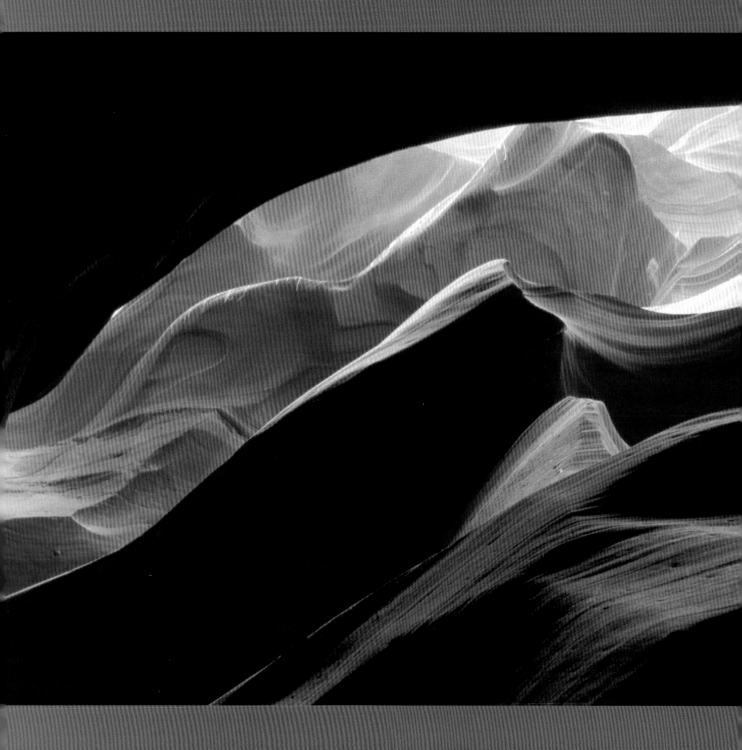

地球就像一台巨大的搅拌机，岩石在其中不断滚动、碎裂，碎片慢慢沉淀，形成不同的地层。随后，大自然的风化作用和雨水侵蚀作用以及其他地质作用使地表的岩石形态发生变化，形成高山、悬崖、沙丘以及其他地貌。

沙山

美国亚利桑那州科克斯克鲁峡谷包含一系列
丰富的地形、颜色和地质结构。那里的沙子
呈现出粉色、黄色、红色等不同的颜色，这
取决于其受阳光照射的情况。

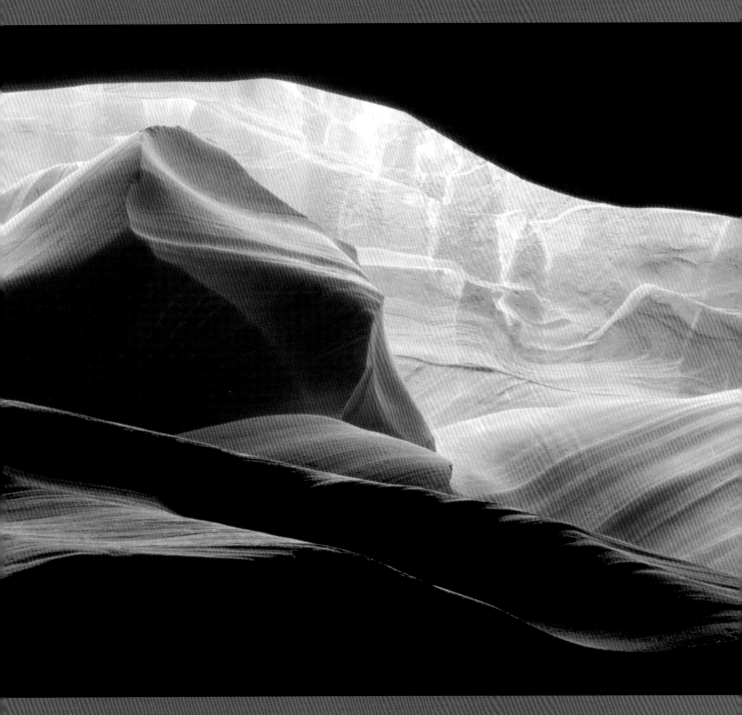

沉积的物质形成沉淀层，最后变成沉积岩。
岩石圈的物质循环永无止境。据今所知，
没有一座山的状态是一成不变的。●

穿越时光

地质学家和古生物学家通过对各种物质的分析，再现地球的历史。他们发现，地球表层的岩石、矿物和化石隐藏着地球历史的数据信息，并揭示了通常与灾难相关的气候和大气变化。陨石造成的陨石坑以及地表的其他物质也能提供有关地球历史的珍贵信息。●

2 **碰撞和融合**
重元素移动。

复杂的结构

内部构成
宇宙物质开始累积，形成一个演化的天体，它就是地球的前身。高温与重力结合，导致较重的元素迁移到地球中间，较轻的元素则迁移到地球表面。在天体的碰撞作用下，地球外部各层逐渐聚合到一起，形成地壳。其中心的各种金属（例如铁）则凝结到炽热的地核中。

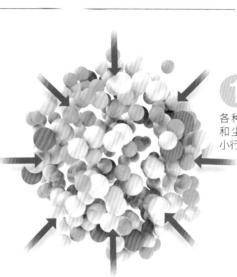

1

各种细小物体和尘埃积聚成小行星大小。

形成各种古老的矿物，如锆石。

各种古老的岩石发生变质作用，形成片麻岩。

13 亿～10 亿年前
罗迪尼亚超大陆形成。

百万年	**4 567**		**2 500**
代			古元古代
纪			成铁纪
世			
气候	在天体的碰撞作用下，地球外部各层逐渐聚合到一起。	地球冷却，形成第一个大洋。	**2 500** **冰期：白色的地球** 地球经历首次大规模的全球性冷冻时期（冰期）。 **800** 前寒武纪冰期。 距离我们最近的是第四纪冰期。
	各种元素 现在地壳中所含的元素与地球形成时所含的元素相同，这些元素以不同的组合存在。地壳中含量最多的元素是氧，氧元素与金属元素、其他非金属元素结合，形成各种不同的化合物。		
生物			**早期动物群** 前寒武纪时期最神奇的化石是地球著名的早期动物群——埃迪卡拉动物群的遗体。它们居住在大洋的底部，大部分为圆形，形状像水母；其他是扁平的，呈薄片状。

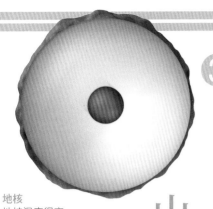

③ **金属核心**
铁、镍等金属元素形成地核。

地核
地核温度很高，主要成分是铁和镍。

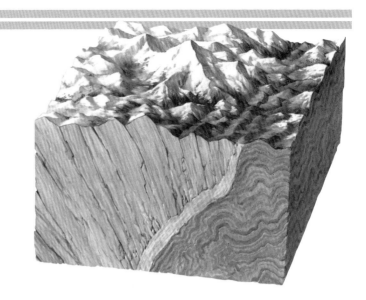

山　脉

地壳运动推动了山脉的形成。按照成因，山脉可以分为褶皱山、断层山等。

约 6 亿年前
潘诺西亚超大陆形成，包含了目前大陆的一部分。约 5.4 亿年前潘诺西亚超大陆分裂。

造山运动
地质史上将山脉密集形成的很长一段时期（历时数百万年）称为"造山运动期"。每个造山运动期都以其独特的建造和构造为标志。

大规模造山运动（加里东期）开始。冈瓦纳古陆向南极方向移动。

劳伦西亚大陆和波罗的大陆碰撞，形成加里东山系。片麻岩构成了苏格兰海岸。

形成北美大陆的地区，向赤道方向运动，开始了重要的石炭纪地层的发育。冈瓦纳大陆缓慢移动，大洋板块也以同样的速度延伸。

各大洲的碎片组合构成一个独立的大陆，称为"泛大陆"。

阿巴拉契亚山脉形成。其山峰上的页岩通过沉积作用形成。

波罗的大陆和西伯利亚大陆碰撞，形成乌拉尔山脉。

西伯利亚大陆发生玄武岩喷发。

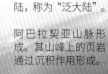

538.8±0.2	**485.4±1.9**	**443.8±1.5**	419.		
古生代					
寒武纪	▷ **奥陶纪**	▷ **志留纪**	▷ **泥盆纪**	▷ **石炭纪**	▷ **二叠纪**

温度降低。大气中的二氧化碳浓度比现在高十多倍。

奥陶纪晚期大气中的二氧化碳浓度急剧下降。

脊椎动物中有颌类的盾皮鱼类、硬骨鱼类和棘鱼类都已经出现。

天气通常比现在暖和，氧气浓度达到最大值。

炎热、潮湿的气候使沼泽地区产生了茂盛的森林。

石炭纪晚期和二叠纪大规模的森林和沼泽，为煤炭的形成提供了有利条件。

寒武纪大爆发
这个时期的化石证明了海洋动物的物种丰富性和不同骨骼结构类型的出现，例如三叶虫的骨骼结构。

三叶虫
背壳纵分为中轴和两侧各一个肋叶三部分，横分为头、胸、尾三部分，故名三叶虫。

志留纪
早期的鱼类动物之一，一种有下颌的有鳞鱼。

这个时期的岩石中含有大量的鱼类化石。

坚硬的地面上生长着巨大的蕨类植物。

从一个两栖动物门，衍生出多种两栖动物和羊膜动物。出现了有翅类昆虫，如蜻蜓。

棕榈树和针叶树取代了石炭纪时期的植被。

集群绝灭
临近二叠纪末期，在已知最大的集群绝灭中，当时大约 96% 的海洋生物和 70% 以上的陆地生物灭绝了。

来自外部的冲击
大约 6 500 万年前，一颗巨大的流星陨落在墨西哥尤卡坦半岛的希克苏鲁伯，造成大爆炸，产生的大量火山灰云与碳质岩混合在一起。一些专家认为，撞击产生的碎片落回到地球上时引发了一场全球性的大火灾。

此次撞击造成的碎片膨胀所产生的热量，与平流层尘埃弥漫产生的温室效应共同作用，引发了一系列的气候变化。有观点认为：这次气候变化导致了恐龙灭绝。

约180千米

该流星在尤卡坦半岛造成的陨坑的平均直径约为 180 千米。陨坑现在埋藏在石灰岩下面约 1 千米深处。

冈瓦纳古陆再次出现。

非洲和南美洲分离，出现南大西洋。

251.902±0.024	201.4±0.2	约 145	66
▶中生代			▶新生代
▶三叠纪	▶侏罗纪	▶白垩纪	▶古近纪
			古新世 · 始新世

大气中二氧化碳的浓度增加。平均温度高于现在的水平。

大气中的氧气浓度低于今天。

有花植物时代
白垩纪末期出现了被子植物——种子被保护在子房里的开花、结果的植物（因此，被子植物又称"有花植物"）。

全球平均温至少为17℃覆盖南极的冰层后来厚了。

昆虫繁盛。

恐龙出现。

兽孔目爬行动物演化为最早的哺乳动物。

鸟类出现。

恐龙经历了适应辐射。

异特龙
这种食肉动物体长可达 12 米。

再次发生集群绝灭
白垩纪末期时，50% 以上的物种消失了。恐龙、大型海生爬行动物（如蛇颈龙）、飞行生物（如翼龙）、菊石类动物从地球上消失。到了新生代早期，这些灭绝物种的大部分栖息地逐渐被哺乳动物占据。

元素平衡

矿物质，如铁和硅酸盐，广泛分布在地壳的各部分中。地幔的熔融作用会打破它们的平衡。

北美大陆和欧洲大陆漂移分离，南美大陆和北美大陆在新近纪末期连接到了一起。纳斯卡板块向南美洲板块俯冲，使得两大板块交界地带逐渐隆升，形成安第斯山脉和巴塔哥尼亚高原。

东非大裂谷和红海开始形成。印度洋板块和欧亚板块碰撞。

23.03　　**2.58**

▶新近纪		第四纪		
渐新世	中新世　上新世	更新世	全新世	

渐新世的气温变化较为平稳。被子植物继续在全球扩张。热带和亚热带森林减少，开阔的平原和沙漠面积扩张。

第四纪冰期
始于 300 万年前，并在第四纪初期加强。北极冰川前移，造成北半球大部分地区被冰层覆盖。

地壳
海洋地壳平均厚度为 7 千米，大陆地壳平均厚度为 35 千米。

岩石圈
由地壳和上地幔顶部岩石组成的地球外壳固体圈层。

地幔
地幔深度至 2 900 千米，主要由固态物质组成。它的温度随着深度增加而升高。软流圈是上地幔的一个特殊部分，呈半固体状态。软流圈中的表层岩石层处于熔融状态，它们最终将成为地壳的一部分。

地核
外核
地核可能由高压状态下铁、镍成分的物质构成。外核深度为 2 900~5 100 千米，推测为液体。

内核
内核深度约为 5 100 千米以下至地心。

有羽毛的鸟类和长毛发的哺乳动物获得巨大发展。

猛犸象
生存于更新世晚期亚欧大陆北部及北美洲北部的寒冷地区，其灭绝原因至今存在争议。

地球上出现人类
虽然已知最古老的人类祖先化石（乍得人猿）可追溯到 700 万年前，但是直立人在更新世才出现在非洲。距今 10 万年前，智人移居到欧洲，不过由于冰川气候的存在，他们在当时的欧洲居住很艰难。还有一种假设，我们的祖先在大约 1 万年前穿过现在的白令海峡，到达了美洲大陆。

形成中的星球

们的星球并不是一成不变的，而是一个时刻处在变化中的系统。我们每时每刻都能感受到它的活动：火山喷发、地震、地表形成新岩石，所有这些现象都源于地球内部的变化。地质学的分支学科——内部地球动力学专门研究此类现象。该学科分析各种地质变化过程，例如大陆漂移、均衡运动等，它们由地壳的运动产生，进而形成了地表大面积的上升和下沉。地壳运动还为新岩石的形成创造了条件，这种运动也影响了岩浆作用（岩浆形成、运移、固结和演化的总过程）和变质作用（地壳中的岩石，当其所处的环境变化时，岩石的成分、结构和构造等常常也会随之变化，而达到新的平衡关系的过程）。

岩浆作用

当地幔或地壳内的温度达到一定程度，低熔点的矿物开始熔化时，岩浆就产生了。因为岩浆没有周围固态物质的密度高，所以会上升、冷却并开始结晶。当此过程发生在地壳内部时，就会形成侵入岩，如花岗岩；如果此过程发生在地壳外部，就会形成喷出岩，如玄武岩。

外地壳
喷出岩

地壳

海平面

大洋板块

内地壳
侵入岩

岩浆储源

对流

岩流圈

变质作用

在地壳发展过程中，原来已存在的岩石受内动力地质作用影响，在基本保持固态的情况下发生结构、构造和矿物组成等改变而形成的一类新的岩石。这类岩石是变质岩，代表性的变质岩有大理石、石英岩和片麻岩。

压力
压力作用使得原有的岩石和周围的矿物互相融合，生成新的变质岩。

温度
高温使得岩石具有可塑性，其所含的各种矿物质变得不稳定。

褶皱作用

➤ 地壳虽然是固体，但构成地壳的物质却是有
可塑性的。地球的各种强大作用力对构成地
壳的物质施加压力，使岩石产生褶皱以及地面上升
或下降。当大面积褶皱发生时，会形成山脉或山
系。褶皱作用主要发生在各个俯冲消减区。

褶皱
要形成褶皱，岩石的可
塑性必须相对较高，并
且要受到压力的作用。

俯冲消
减区

断裂作用

➤ 岩石所受外力过于强大时，岩石的可塑性就
会遭到破坏并产生断裂：节理和断层。如果
这种过程发生得特别突然，就会产生地震。节理
是岩石因受应力作用而发生破裂，且沿裂隙面（称
为"节理面"）两侧的岩块间无明显相对移动的
一种断裂构造。断层是岩块因受地质应力作用而
发生错断，且沿断裂面其两侧岩块间有明显相对
移动的一种断裂构造。

断裂
岩层快速断裂时，就
会产生地震。

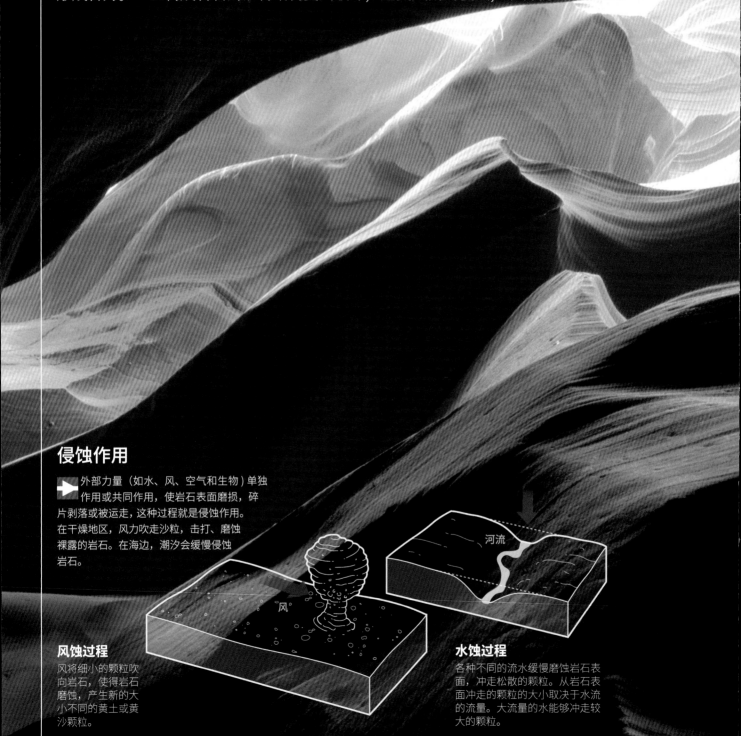

变化的表层

地貌的形成是风化作用和侵蚀作用这两种巨大破坏力量的产物。通过这两个作用，岩石融合、分解，然后再次融合。各种活体的作用，尤其是植物根系和挖穴动物，也与这些地质作用形成合力。一旦构成岩石的矿物结构受到破坏，遭受风雨的侵蚀，矿物就会分解。

侵蚀作用

外部力量（如水、风、空气和生物）单独作用或共同作用，使岩石表面磨损，碎片剥落或被运走，这种过程就是侵蚀作用。在干燥地区，风力吹走沙粒，击打、磨蚀裸露的岩石。在海边，潮汐会缓慢侵蚀岩石。

风

河流

风蚀过程

风将细小的颗粒吹向岩石，使得岩石磨蚀，产生新的大小不同的黄土或黄沙颗粒。

水蚀过程

各种不同的流水缓慢磨蚀岩石表面，冲走松散的颗粒。从岩石表面冲走的颗粒的大小取决于水流的流量。大流量的水能够冲走较大的颗粒。

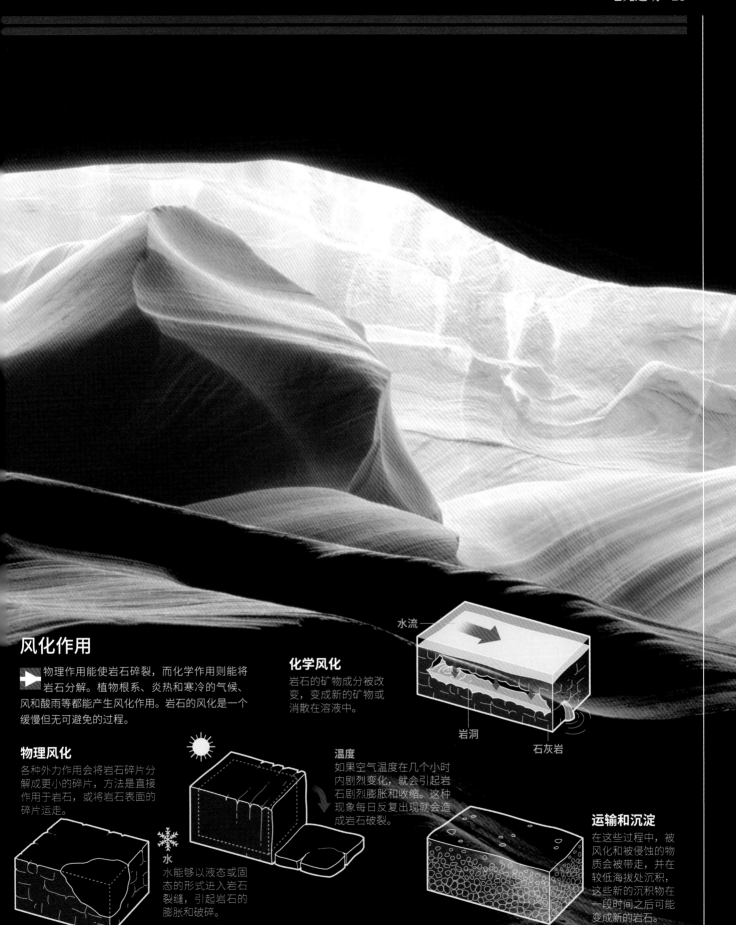

风化作用

物理作用能使岩石碎裂，而化学作用则能将岩石分解。植物根系、炎热和寒冷的气候、风和酸雨等都能产生风化作用。岩石的风化是一个缓慢但无可避免的过程。

化学风化

岩石的矿物成分被改变，变成新的矿物或消散在溶液中。

水流

岩洞

石灰岩

物理风化

各种外力作用会将岩石碎片分解成更小的碎片，方法是直接作用于岩石，或将岩石表面的碎片运走。

水

水能够以液态或固态的形式进入岩石裂缝，引起岩石的膨胀和破碎。

温度

如果空气温度在几个小时内剧烈变化，就会引起岩石剧烈膨胀和收缩。这种现象每日反复出现就会造成岩石破裂。

运输和沉淀

在这些过程中，被风化和被侵蚀的物质会被带走，并在较低海拔处沉积，这些新的沉积物在一段时间之后可能变成新的岩石。

岩石的前身——矿物

我们居住的地球可以看作"一块巨大的岩石"，或者更准确地说，"是一个由多种岩石组成的巨大球体"。此类岩石由一种或多种物质形成的小碎片构成，这些物质就是不同的化学元素相互作用产生的矿物，而化学元素在一定的压力和温度下能够保持稳定。岩石和矿物是地质学的分支学科——岩石学和矿物学的研究对象。

约1 200万年前

在火山的活动剧烈时期形成了岩石岩基，产生了托雷德裴恩国家公园。

托雷德裴恩国家公园
智利

成分	花岗岩
最高峰	百内主峰
面积	2421平方千米

托雷德裴恩国家公园位于智利巴塔哥尼亚高原。

从矿物到岩石

▶ 从化学的视角来看，矿物是一种均质性物质，岩石则是由不同的化学物质构成的，而这些化学物质又是矿物的成分。岩石的矿物成分也是山脉的矿物成分。从这个角度来看，岩石与矿物是可以区分的。

石英
由二氧化硅构成，石英使岩石呈现白色。

云母
云母族矿物的总称，为层状结构的硅酸盐矿物，可沿解理面剥离成薄片。

花岗岩
主要由石英、碱性长石、酸性斜长石和少量深色矿物组成。

长石
长石是长石族矿物的总称，它是一类常见的含钙、钠和钾的铝硅酸盐类造岩矿物，是地壳的主要成分。

状态变化
温度和压力对岩石的变化影响显著。地球内部产生液体岩浆，岩浆到达地表时凝固。这个过程类似水在 0℃时结成冰块。

矿 物

达 罗尔地区以沙漠为主，蕴含了各种矿物，地表呈象牙色，散布着碧绿的池塘、橙色的含硫盐柱。一些矿物非常特殊，因为美丽而被遴选出来加以珍藏，并被称为"宝石"。你知道吗，人类耗费了上万年的时间，才找到将

达罗尔火山

达罗尔火山位于埃塞俄比亚，是地球上唯一一座位于海平面以下的陆地火山，也是地球上炎热的地方之一。火山喷出的硫黄和其他矿物使其看起来鲜艳无比。

金属从岩石中分离出来的方法。还有一些非金属矿物也很有价值，这主要体现在其特殊的用途上。例如，石墨可用于制作铅笔，石膏用于建造楼房，盐则用于烹饪。●

质本天成

矿物是构成地球和宇宙中其他天体岩石的基本单元。矿物通常按其化学成分和有序的内部结构进行区分，大部分是固态结晶体。不过，有些矿物内部结构无序，是类似于玻璃的无定型固体。研究矿物有助于我们了解地球的起源。矿物根据其成分、内部结构以及硬度、重量、颜色、光泽和透明度等特性进行分类。虽然迄今为止已经发现4 000余种矿物，但常见于地球表面的只有大约30种。●

成分

矿物的基本成分是元素周期表上所列的化学元素。由单一元素结晶形成的矿物被称为"单质矿物"。相反，如果由两种或两种以上的元素构成，则称之为"化合物矿物"。大部分矿物属于化合物矿物。绝大部分矿物由元素周期表中所列的118种元素组成。

各种矿物来源于元素周期表中所列的

118 种
元素。

1 单质矿物

单质矿物分为金属矿物、半金属矿物和非金属矿物。

A 金属矿物
金属矿物具有较高的导热性和导电性，通常具有金属光泽、硬度低、韧性和延展性好。金属矿物容易被识别，包括金矿、铜矿、铅矿等。

金
金是热和电的良导体。酸对其腐蚀作用很小，几乎为零。

银
放大图像显示了各种八面体堆叠形成的树状结晶，这些结晶有时候也以延展的形式出现。

银树状晶体的显微照片

2 化合物矿物

两种及以上元素形成的矿物就是化合物矿物。化合物矿物的性质不同于其组成元素的性质。

B 半金属矿物
它们属于单质矿物，比金属矿物更脆弱，电导率更低，包括砷矿、铋矿、锑矿等。

C 非金属矿物
物理性质上表现出强或较强非金属性的矿物，包括硫矿等。

石盐
由氯和钠构成。

铋

硫

同质多象

▷ 这种现象指同样的化学成分有多种构成结构，产生几种不同的矿物。由于温度或压力的作用，一种同质多象变体向另一种变体转变，速度可快可慢，其过程可能是可逆的，也可能是不可逆的。

化学成分	结晶晶系	矿物
$CaCO_3$	三方晶系	**方解石**
$CaCO_3$	斜方晶系	**文石**
FeS_2	等轴晶系	**黄铁矿**
FeS_2	斜方晶系	**白铁矿**
C	等轴晶系	**金刚石**
C	六方晶系	**石墨**

金刚石与石墨
矿物的内部结构会影响其硬度。金刚石与石墨都是仅由碳元素构成的，但它们的硬度不同。

金刚石　　　　　　　石墨

国际矿物学协会已经确认了

5 800
多种矿物。

碳原子

模型演示了一个碳原子与其他四个碳原子的键接方式。

每个碳原子与其他四个同样类型的碳原子连接。碳原子网络通过强大的共价键以三维模式延伸，这使得金刚石几乎坚不可摧。

莫氏硬度
等级：10

原子构成六边形，各原子在平行面上相互紧密连接。这种结构使得各平行面能在其他面上相互滑动。

莫氏硬度
等级：1

类质同象

▷ 当具有同样结构的矿物（如石盐和方铅矿）进行阳离子交换时，就会发生类质同象现象：矿物的结构保持不变，但是因为进行了离子交换，所以产生的物质发生了变化。比如，将铁 (Fe) 与镁 (Mg) 进行交换时，菱铁矿 ($FeCO_3$) 逐渐变成菱镁矿 ($MgCO_3$)。不过，因为两种离子大小相同，所以其结构保持不变。

石盐与方铅矿

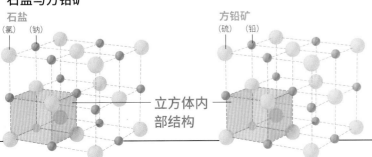

石盐
（氯）（钠）

方铅矿
（硫）（铅）

立方体内部结构

分类问题

光学特性包括矿物对光线的反应。矿物的光学特性可以利用岩相显微镜进行分析。岩相显微镜与普通显微镜不同，它有两个能让光线产生极性的部件，使人们能够识别矿物的一些光学特性。不过，鉴定矿物最精准的工具是 X 射线衍射仪。●

颜色

➤ 颜色是矿物显著的特征之一。不过，在鉴定矿物时，通过颜色的区分并非总是有效。有些矿物从来不变色，被称为"自色矿物"。有些矿物会变色，则被称为"他色矿物"。矿物的色泽变化部分归因于矿物的内含物。

自色
一些矿物的颜色始终如一，例如孔雀石。

孔雀石

硫

他色
矿物可能会有多种颜色，这归因于其内含物。

石英

水晶
透明的石英晶体。

其他一些次要矿物常被称为"外来矿物"，它们给石英带来了颜色。在没有外来矿物的情况下，石英是无色的。

芙蓉石
含锰元素时，呈粉红色。

黄晶
含铁元素时，呈很淡的黄色。

烟晶
呈黑色、褐色、灰色等。

紫晶
含锰元素、铁元素时，呈紫色。

条痕颜色

条痕是矿物在无釉白瓷板上划擦而留下的粉末痕迹。条痕颜色可与矿物块体的颜色一致，也可不同。由于条痕可消除由物理光学效应导致的假色并减弱非矿物本身固有组分引起的他色，因而对一种矿物而言，其条痕的颜色相对固定。

赤铁矿

颜色：黑色

条痕颜色：
樱红色

发光性

▶ 暴露在特定的能量源下时，某些矿物会发光。能量源被移走，发光仍能维持一定时间，称为"余辉"。一般把余辉在 10^{-8} 秒以下的称"荧光"，余辉在 10^{-8} 秒以上的称"磷光"。引起矿物发光的能量源包括外来光线、电场、阴极射线、高能粒子、生物体等。

折射与光泽

▶ 折射与光线穿过晶体的速度有关。根据光线在晶体中的传播方式，可将矿物分为单折射或双折射。矿物表面发生的反射和折射产生了光泽。通常来说，光泽取决于矿物对可见光的反射和吸收程度，以及其他一些因素（如矿物表面光滑度、光亮度）。根据光泽的不同，矿物大致分为三类。

玛瑙

玛瑙属于玉髓，是一种隐晶质石英，它们的色彩不均匀。

玛瑙由天然二氧化硅胶体溶液在岩石空洞或裂隙中沉淀脱水而成。玛瑙具有的颜色及条带状花纹，是由其形成的环境决定的。玛瑙的颜色及花纹能反映岩石的孔隙率、内含物的程度和结晶过程。

金属光泽

矿物光泽的一种。反射能力很强，如同金属抛光面上所呈现的光泽。主要见于自然金属矿物和硫化物矿物及部分氧化物矿物。

半金属光泽

矿物光泽的一种，反射强度仅次于金属光泽。

非金属光泽

是除金属光泽和半金属光泽之外的各种矿物光泽的统称。包括玻璃光泽、珍珠光泽、丝绢光泽、树脂光泽、土状光泽。

条痕颜色

指矿物在无釉白瓷板上划擦而留下的粉末的颜色，可用来鉴别矿物。

识别矿物

要想一眼就能鉴别矿物，了解其物理属性是非常重要的。比如硬度，如果一种矿物能在另一种矿物上划出痕迹，我们就说前一种矿物比后一种矿物的硬度高。矿物的硬度根据德国矿物学家莫斯创建的硬度表来衡量，按硬度从小到大分为 10 级。矿物的另一种物理属性是韧性，即矿物的抗折断、抗变形或抗挤压的程度。矿物还有一种属性，即磁性，也就是矿物受磁体吸引的能力。

解理和断口

➤ 当矿物趋向于沿着其晶状结构中薄弱键接的平面断裂时，则分解成与其表面平行的平滑薄片，被称为"解理"。矿物断裂时，未发生解理，则称为"断口"，即在外力打击下不沿一定晶状结构破裂而形成的断开面。

解理的方向性

立方体解理

八面体解理

十二面体解理

菱面体解理

柱面解理

底面解理

电气石
是一种硅酸
盐类矿物。

颜色
某些电气石晶体
拥有两种或两种
以上的颜色。

断口

断口是不规则的，按形态可分为平坦状断口、锯齿状断口、参差状断口、贝壳状断口（断裂面呈具有同心圆纹的规则曲面）、土状断口等。

莫氏硬度表

该表排列了从软到硬的 10 种矿物。每种矿物能够被硬度等级高于它的矿物划出划痕。

1. 滑石
莫氏硬度等级
最低的矿物。

2. 石膏
可以用指甲
划出划痕。

3. 方解石
与铜硬币的
硬度一样。

4. 萤石
可以用刀子
划出划痕。

5. 磷灰石
可以用玻璃
划出划痕。

产生电荷

➤ 某些晶体会产生压电和热电的现象，如石英，由于温度变化或机械张力，其两端形成电位差，产生带极性的电荷。

压电
当机械张力使得晶体上的正负电荷重新分布时就能够产生电流，如电气石。

正电荷
负电荷

热电
当晶体的温度变化时，就可产生电流，其大小也随温度变化而变化。

热量

正电荷
负电荷

密度
能够反映矿物的结构和化学成分。

7~7.5

这是电气石在莫氏硬度表上的等级。

6. 正长石
可以用玻璃划出划痕。

7. 石英
可以用锆石划出划痕。

8. 黄玉
可以用钨钢划出划痕。

9. 刚玉
可以用金刚石划出划痕。

10. 金刚石
莫氏硬度10的矿物。

矿物的沙漠

　　罗尔地区是埃塞俄比亚阿法尔低地（又称"达纳基尔低地"）的一部分。

　　那里的平均气温超过 34℃，是全球平均气温炎热的地方，被称为"魔鬼的厨房"。达罗尔地区基本上是一个矿物的沙漠，地表呈象牙色，散布着绿色的池塘和一些呈不同程度橙色的溶岩滴丘（高度为2.5~3米）。许多溶岩滴丘都很活跃，能喷出沸水。

晚期的不活跃型溶岩滴丘

横截面

达罗尔火山
埃塞俄比亚

位置	阿法尔低地
火山口类型	爆裂火山口
海拔高度	海平面以下48米
上次喷发	1926年
每年盐浸出量	135 000吨

海平面

达罗尔地区位于海平面以下 48米

阿法尔低地的石盐总储量约为

30亿吨。

初期沉积
较新的沉积呈白色，颜色随着时间的增长而变深。

矿化过程
岩浆喷泉喷发出的水在地表形成温泉。水蒸发后，形成盐沉积。

池塘
溶岩滴丘产生沸水，在地表形成小池塘。

晚期沉积
深颜色表明沉积已经发生几个月了。

3 加热
热量引起水分蒸发，在表层形成盐沉积。

2 上升
地下水穿越盐和硫黄沉积层，上升到地表。

1 加热
火山的热量加热地下水。

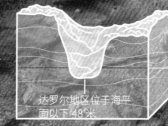

盐沉积

➡ 地下水接触到火山热量时产生热液活动。在高压作用下，热量引起水位上升，穿过盐层和硫黄层。水溶解了盐和硫黄，当水到达表层冷却时，溶解在水中的盐和硫黄逐渐沉淀，形成池塘和溶岩滴丘。它们多彩的颜色来源于硫黄成分和出现的某些细菌。

溶岩滴丘的类型

溶岩滴丘分为两种：活跃型溶岩滴丘和不活跃型溶岩滴丘，前者强烈地喷出沸水，后者仅存盐分。

热水从下层土壤往上升。

活跃型
活跃型溶岩滴丘能喷出沸水，并不断生长。

沸水

不活跃型
不活跃型溶岩滴丘由盐构成，不再喷水。它们曾经是活跃型溶岩滴丘。

— 溶岩滴丘的外部颜色变暗时，表明它已经形成几个月了。

3 出口
热水通过溶岩滴丘喷出。

2 加热
因与炙热的岩石接触，水温保持不变。

2.5～3米高

1 上升
热水从地下开始上升。

初期的活跃型溶岩滴丘

人工提取

➡ 通过非机械的方式采集盐。来自埃塞俄比亚南部博勒纳地区的居民不畏干旱的气候，以徒手采集矿物谋生。他们裹着头巾，保护自己免受阳光的伤害，用骆驼将每天的收获运到最近的村庄。

135 000吨

这是在阿法尔低地每年人工提取的盐的总量。

博勒纳人
属黑色人种，信奉伊斯兰教，使用阿法尔语，他们在达罗尔地区提取盐。博勒纳人口占埃塞俄比亚人口的4%。

头巾
工作时戴这种头巾能够保护工人免受沙漠的极端高温和剧烈阳光的伤害。

其他矿物
除了硫黄和硫酸盐，达罗尔地区还出产氯化钾，这是一种优良的土壤肥料。

晶体的本质

大多数矿物都呈晶体结构。大多数晶体都是由来自地球内部熔融的岩浆冷却结晶形成的。晶体学是研究晶体生长、成形及其几何特点的分支学科。通过 X 射线照射，可以判定晶体内的原子排列情况。晶体化学则研究晶体的化学成分、原子排列和原子间化学键强度关系的学科。

离子键

当遇到其他原子带负电荷时，典型的金属元素趋向于失去电子。当一个氯原子捕捉到一个钠原子的一个电子时，两个原子就都变得带有电荷，并且互相吸引。钠原子失去一个电子，并成为带正电荷的阳离子，而氯原子完善了其外电子层，成为带负电荷的阴离子。

键合前	键合后
Na	Na⁺
Cl	Cl⁻

氯原子得到的一个电子，成为带负电荷的阴离子。

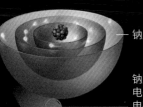

钠原子

钠原子失去一个电子，成为带正电荷的阳离子。

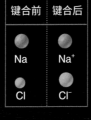

例如：
石盐

氯原子

钠原子

氯原子

阴离子和阳离子互相吸引，结合在一起，形成一种新的稳定的化合物。

共价键

两个或多个原子之间，通过形成共有电子对而形成的稳定的化学键。

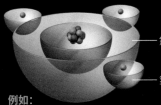

氮原子

氢原子

氮原子需要三个电子来稳定其外电子层，而氢原子只需要一个电子。四个原子结合产生一种稳定的状态。

例如：
氨

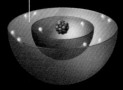

石盐晶体
当石盐形成较大的晶体时，能通过显微镜来观察其形状。

内部晶体网络

晶体的结构在其内部重复，即使再小的部分排列也是如此。这种情况下，电荷产生的力（异电相吸，同电相斥）构成等轴晶系，产生稳定性。不过，不同的矿物成分会形成许多其他不同的形状。

图例

氯离子
氯原子获得一个电子，成为氯离子。

钠离子
钠原子失去一个电子，成为钠离子。

7种晶系

两个离子的组合形成等轴晶系。当两个以上的离子组合时，会形成其他晶系。

原子键合的基本形状

此图展示了原子内部晶体的网络结构。

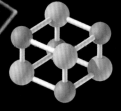

立方体
石盐

1 个氯原子 +
1 个钠原子

四面体
二氧化硅

1 个硅原子 +
4 个氧原子

晶体和玻璃之间的不同

玻璃是一种非晶质（无定形）固体。因为玻璃凝固迅速，使玻璃粒子在能够有条理地进行自我组织之前就失去了流动性。

晶体的原子模型
各种粒子缓慢地以规则、稳定的形状组合起来。

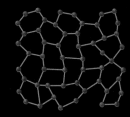

玻璃的原子模型
凝固阻止了各种粒子进行自我组织，这就使得其结构很不规则。

立方体结构
通过不同离子间的空间平衡形成了立方体结构。同电离子相斥，异电离子相吸。

晶体的对称性

地球上有 4 000 多种矿物。它们在自然界以两种形式存在：化合物或单质。绝大多数矿物是晶体。晶体一共有 32 类，它们的特征是其有序的原子结构（亦称晶状网络）由基本单元（晶格）组成。根据晶体的排列，这些晶状网络可以分为 7 种晶系，还可以分为 14 种，即布拉维格子。

典型特征

▶ 晶体是一种均匀的固体，其化学元素呈现出一种有组织的内部结构。晶格指原子或分子的分布，这种分布在三维结构中重复进而组成晶体结构。这些共享对称结构的元素的有序排列使 32 个晶类分成 7 个晶系，这 7 个晶系是根据对称规律和特点来分类的。

等轴晶系

三条等长的晶轴垂直相交。

金刚石

六方晶系

棱柱体有六个面，其一端的横截面为六边形。

钒铅矿

单斜晶系

从某一角度切开后，棱柱体看起来像四方晶体，不等长的各晶轴互不垂直相交。

磷铝钠石

图例

晶系

布拉维格子

常见的形状

立方体

八面体

菱形十二面体

四面体

六方柱

六方双锥

六方柱与六方双锥形成的聚形

斜方柱与轴状面形成的聚形

单斜柱的聚形

六方晶系底心格子

等轴晶系原始格子

等轴晶系体心格子

等轴晶系面心格子

单斜晶系原始格子

单斜晶系底心格子

布拉维格子

▶ 1850 年，奥古斯特·布拉维用理论证明原子仅能形成 14 种三维晶系，这些三维晶系类型以他的名字命名。

只能形成 14 种布拉维格子。

这些晶系称为"布拉维格子"。

矿物各晶系的比例

- 单斜晶系 32%
- 斜方晶系 22%
- 三斜晶系 7%
- 六方晶系 8%
- 三方晶系 9%
- 四方晶系 10%
- 等轴晶系 12%

斜方晶系

三条非等长的晶轴垂直相交。

黄玉

斜方柱

斜方双锥

斜方柱和斜方锥的聚形

斜方晶系原始格子

斜方晶系底心格子

斜方晶系体心格子

斜方晶系面心格子

三方晶系

该晶系包括最典型菱面体、六角棱柱和棱锥。三条等长的晶轴呈 120° 夹角，一条晶轴与中心轴垂直。

菱锰矿

三方体或菱面体

三方偏方面体

偏三角面体双锥

三方晶系原始格子

三斜晶系

此类晶体的形状非常奇怪，晶体的一端与另一端不对称，三条晶轴都互不垂直相交。

拉长石

三斜体聚形

三斜晶系原始格子

四方晶系

在晶体点群对称性中，在唯一性方向上有 4 重旋转轴或 4 重反轴的晶系。

白钨矿

四方柱与复四方柱

四方双锥

四方柱与四方双锥形成的聚形

四方晶系原始格子

四方晶系体心格子

晶体的对称性

晶体具有的几何特征，指晶体根据其对称元素进行对称操作，能使其等同部分产生规律性重合的特性。

晶轴及坐标系

纵轴

正面

横轴

前后轴

水平面

矢形面

珍贵的晶体

宝石的特点体现在美丽的外形、色泽、透明度和稀有性上，例如钻石、祖母绿、红宝石和蓝宝石。与珍贵宝石相比，半宝石由价值较低的矿物组成。目前，钻石以其"美丽的光辉"、光泽和极高的硬度成为最贵重的宝石。钻石的形成可追溯到数十亿年前，但是，人们从 14 世纪才开始切割钻石。大部分钻石矿藏分布在澳大利亚、刚果（金）、博茨瓦纳、俄罗斯、南非等国。●

钻石

 钻石是由等轴晶系中的结晶碳构成的矿物。钻石美丽的光辉主要由于其较高的折射率和色散率。钻石是最硬的矿物，产自很深的地下。

① 采集
钻石从火山喷发遗留下的金伯利岩岩筒中采集而来。火山喷发将钻石从很深的地下带上来。

金伯利矿

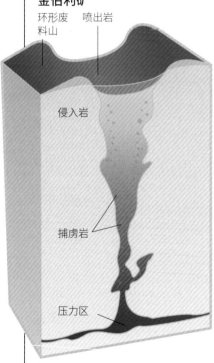

环形废料山　喷出岩

侵入岩

捕虏岩

压力区

宝石

 矿物、岩石或石化物质经过切割和抛光后，可制作成珠宝。宝石的切口和切割的片数取决于具体的矿物及其晶体结构。

② 切割和雕刻
钻石要使用其他由钻石制作的工具进行切割和雕刻，达到完美的状态。钻石的切割和雕刻由专业切割师完成。

C 雕刻
使用钻石制作的工具对钻石进行雕刻。

B 切割
使用激光或钻石锯片，迅速将钻石切开。

A 目测
为切割钻石，要测定解理。

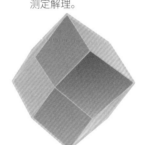

要得到 1 克拉（0.2 克）钻石，需要开采数吨的矿石。

8 克拉

1 克拉

0.03 克拉

13 毫米　　6.5 毫米　　2 毫米

珍贵宝石

钻石
钻石的颜色取决于其化学杂质。

祖母绿
铬元素赋予其特征鲜明的绿色。

金绿宝石
此种宝石具有多种颜色。

红宝石
其红色来源于铬元素。

3 抛光
对修整后的宝石的各个面进行修饰。

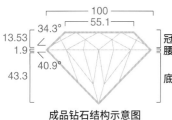

成品钻石结构示意图

100
55.1
34.3°
13.53
1.9
40.9°
43.3

冠部
腰部
底部

风筝面
星刻面
台面

光泽
钻石内部的各个面像镜子一样，因为各面都是采用精确的角度和比例进行切割的。

火彩
光通过宝石时因发生色散而呈现的缤纷七色光彩。

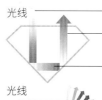

光线
光线进入钻石
底部各面在各面间反射光线。
光线以相反的方向反射回冠部。

光线
各条光线分解为七种单色光。
每种单色在冠部单独反射。

320微米

垂直测量

钻石的化学性质
强键连接的碳原子以等轴晶系结构结晶。杂质或结构瑕疵会使钻石出现杂色，如黄色、粉色、绿色和带蓝光的白色。

琢型
钻石可以被加工成多种形状，但要精确计算钻石的各个面，以获得最大的光辉。

圆多面形　祖母绿形　公主方形　三角形

梨形　心形　椭圆形　橄榄形

半宝石

外的其他各种颜色的宝石品种。其颜色丰富，有无色、黄色、绿色、褐色等。

黄玉
一种铝氟硅酸盐矿物，无色、蓝色、黄色、红色透明的品种可做宝石。

紫晶
一种石英，其颜色来源于锰元素和铁元素。

石榴石
石榴石化学组分较为复杂，不同元素构成不同的组合，其晶体与石榴籽的形状、颜色类似。

绿松石
是含铜地表水溶液与含铝、磷的岩石作用的产物。

历史上的钻石

钻石是财富和身份的象征，其经济价值由供需关系决定。20 世纪早期，美国将钻石宣传为丈夫送给妻子的传统礼物，由此钻石的名声大噪。一些钻石成为名钻，不仅仅是因为其经济价值，还因为它们背后的故事与传说。●

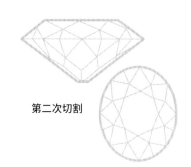

第二次切割

著名的科依诺尔钻石

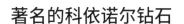 这颗钻石产自印度，现在属于英国王室。玛尔瓦地区部族族长曾拥有该钻石长达两个世纪之久，直到 1304 年被蒙古人窃走。1739 年，波斯人获得了此钻石。这颗钻石经历了诸多血腥的争斗，直到 1813 年回到印度。1849 年，它被英国东印度公司掠走，最终由英国王室所有。

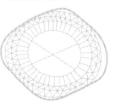

第一次切割

原石重达 800 克拉，第一次切割后重 186 克拉。

王太后加冕

历　史

1852 年，英国宫廷矿物学家第二次切割这颗钻石，令它更加美艳照人，器重量则减到了现在的 105.6 克拉。

王太后的皇冠

泰勒 - 伯顿钻石
这颗钻石重 69.42 克拉，在 1969 年拍卖会上被卡特尔买走之后，又被以 110 万美元的价格卖给了演员理查·伯顿。理查·伯顿的妻子伊丽莎白·泰勒在与丈夫离婚后，以 3 倍的价格将其售出。

伊丽莎白·泰勒

钻石谷的传说
亚历山大大帝将钻石谷的古老传说传播到欧洲。后来，它还被编入了《天方夜谭》。传说在印度北方的群山里，有一座人迹罕至的山谷。山谷的谷底铺满了钻石。为了获得这些钻石，人们将生肉扔进这个山谷里，然后让经过训练的鸟将肉叼回来，叼回的肉上沾满了钻石。

拥有希望之星的"不幸"

传说自从希望之星钻石被从印度悉多女神的神庙中盗出后，它会给其主人带来不幸。1911 年弗琳·沃尔什·麦克林得到了这颗钻石，直到 1947 年去世。1949 年，钻石专家哈里·温斯顿买下了这颗钻石，并于 1958 年将其捐赠给美国华盛顿特区史密森尼学会，供众人观赏。2005 年，史密森尼学会证实，希望之星是从塔韦尼埃蓝钻石中切割出来的，传说不攻自破。

世界上最大的金刚石——库利南

该金刚石于 1905 年在南非被发现，是迄今发现的最大的金刚石。两年后，该金刚石以 30 万美元的价格被南非德兰士瓦省政府收购。之后，又被进献给英王爱德华七世，作为其 66 岁的生日礼物。爱德华七世将金刚石交给荷兰钻石切割师约瑟夫·亚塞，将其切割成 105 块。

9 大块和 96 小块
约瑟夫·亚塞对这块金刚石整整研究了 6 个月，才确定好切割方案。他将其分割成 9 个大块和 96 个小块。

"库利南 1 号"
这颗宝石是世界上第二大切割钻石，重达 530 克拉。它属于英国王室，展示在伦敦塔中。

弗琳·沃尔什·麦克林

原始切割
因为含有硼，希望之星呈现蓝色。该钻石的颜色还受到氮元素的影响，氮为钻石增加了一点浅黄色的阴影。

最终切割

530克拉

"库利南 1 号"重 530 克拉，是库利南金刚石切割出的钻石中最大的一块。其次，是"库利南 2 号"，重 317 克拉，被镶嵌在英国王室的王冠上。

常见的矿物

硅酸盐是地壳中含量丰富的化合物，约占地壳总质量的 95%。硅酸盐为四面体结构，由 1 个硅离子和 4 个氧离子键合构成其各个单元，组合形成几种类型的形态，从隔离的单个岛状结构、单链和双链结构到层状结构，再到架状结构。它们呈浅色或深色，深色来源于其化学结构中所含的铁和镁元素。●

斜辉石

各种结构

▶ 硅酸盐的基本单元由位于四面体顶点的 4 个氧离子围绕 1 个硅离子构成。四面体可通过共用氧离子来构成单链结构、层状结构或架状结构。结构形态也决定了硅酸盐的解理或断口类型：例如云母，由多层构成，剥落为平整的薄面，而石英则形成断口。

复杂结构

当四面体与相邻的四面体共享 3 个氧离子时，就产生了这种结构，并向外伸展，形成了一个宽的薄片层。因为氧和硅之间形成了强大的化学键，沿着其他键的方向，与薄片层平行，形成了解理。这种类型的结构有很多例子，其中常见的是云母和黏土。黏土能够将水分保存在其内部薄片层之间，这就使得其大小在水合后会发生各种变化。

链
黏土是复杂的矿物，颗粒非常细小，呈层状结构。

简单结构

各种硅酸盐具有相同的基本构成：硅氧四面体。该结构由 4 个氧离子围绕 1 个小得多的硅离子构成。因为这个四面体不与其他四面体共享氧离子，所以结构简单。

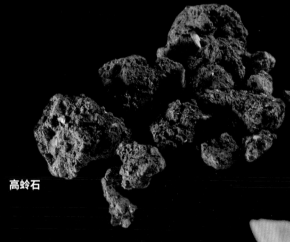

高岭石

未化合硅酸盐
这是一类包含由独立的硅氧四面体构成的各种硅酸盐，例如橄榄石。

氧
硅

橄榄石

硅酸盐分子

水分子

硅酸盐分子

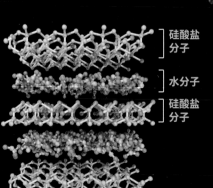

三维结构

硅酸盐约占地壳总质量的 95%。硅石、长石、似长石、方柱石和沸石都是硅酸盐。它们的主要特征是四面体共用氧离子，形成一个结构单一的三维网络。石英属于硅石类。

侧视图

三维结构

石英具有复杂的三维结构，仅由硅和氧组成。

俯视图

矿物组合

深色硅酸盐

铁与镁

例如：黑云母

这种矿物的颜色主要由铁元素决定。黑云母属于常说的铁镁矿物，比重为 3.02~3.12。

成分中含有铁。

Fe

浅色硅酸盐

成分中含有钙。

镁

例如：滑石

这种矿物含有不同量的钙、铝、钠和钾等元素，比重为 2.7~2.8，比铁镁矿物低许多。

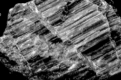

Ca

产生的形状

石英晶体形态是六方柱与菱面体相聚而成。

大型晶体

要形成大型的石英晶体，需要大量的硅和氧，以及较长的时间和充足的空间。

非硅酸盐矿物

在地壳中，自然元素、氧化物及氢氧化物、硫酸盐、碳酸盐、磷酸盐、卤化物等的含量比硅酸盐少，它们仅占5%，但是，它们具有很高的经济价值，也是岩石的重要成分。自古以来，一些矿物由于其功用或美丽而得到青睐，而其他一些矿物则被应用于工业用途。

很少以纯净状态存在

▶ 在地壳中，天然的化学元素很少以纯净的状态出现。一般都要通过工业化学过程从其他矿物中提取。不过，偶尔也会在岩石中发现一些以纯净状态存在的自然元素矿物。例如，钻石就是纯净的碳元素矿物。

自然元素

碳结晶后能形成金刚石和石墨等矿物，除了碳、铜、金、硫、银、铂和其他元素都可以以自然元素矿物的形态存在。

缔合
绿色表明形成了硫酸铜。

黄铜矿的形成
铁、铜和硫参与形成过程。

铜块能达到很高的纯度。

铜

树枝状结晶
铜固化和结晶时，显微镜观察到的形态。

磷灰石

磷酸盐

磷灰石（用作肥料）和半宝石绿松石都是磷酸盐矿物。磷酸盐离子是一个多原子的离子，它包含一个磷原子，并由四个氧原子所包围。这些离子又依次与其他元素的复合离子相结合。

褐铁矿

氢氧化物

氢氧化物是各种元素与氢氧离子结合而成的化合物。褐铁矿和铝土矿是常见的氢氧化物。褐铁矿既可以提取铁，也可以用作颜料。铝土矿是提取铝、制造耐火材料和高铝水泥的矿物原料。

磁铁矿

氧化物

元素和氧化合而成的化合物。钛铁矿、赤铁矿和铬铁矿分别是提取钛、铁和铬的矿石。红宝石和蓝宝石是从刚玉中开采的。

在合金和化合物中

➡ 与硅酸盐的情况一样，很难找到由单一非硅酸盐组成的矿物。自然界的元素，往往会形成化合物和合金。从化学角度来看，冰也是氢原子和氧原子的化合物。一些化合物矿物的主要应用价值是作为矿石提取其组成元素，例如，纯铝是从铝矾土中获得的。然而，另一些化合物矿物因其特殊的性质而被广泛应用，这些性质可能与其组成元素的性质大不相同。磁铁矿就是这种情况，它是一种铁的氧化物。

孔雀石

碳酸盐

碳酸盐矿物比硅酸盐矿物结构简单，由 1 个阴离子与 1 个阳离子结合构成。碳酸钙（方解石、石灰岩的主要成分）和碳酸镁钙（白云石的主要万分）是常见的碳酸盐。

萤石

石膏簇

硫酸盐

广泛应用于建筑的石膏是一种硫酸盐矿物，主要是古代盐湖或潟湖的化学沉积物。重晶石也是一种硫酸盐矿物，是提取钡、锶和钡的矿物原料，可用作泥浆原料。

氟化物、氯化物、溴化物、碘化物的总称。精制食盐（氯化钠）就是一种卤化物。卤化物有许多种用途：萤石用于钢铁的工业生产，钾盐（氯化钾）用作肥料。

在岩石上结壳
晶体在板岩上结成硬壳，板岩是一种变质岩。

"愚人金"
黄铁矿因为其闪闪发光的特性，曾被称为"愚人金"。

硫化物见于含有硫的金属矿石。例如黄铁矿（铁）、黄铜矿（铁和铜）、辉银矿（银）、辰砂（汞）、方铅矿（铅）和闪锌矿（锌）都是硫化物。

1 毫米

黄铁矿

黄铁矿的结构
其晶体的立方体结构来自铁原子和硫原子的平衡定位。

岩石的形成和转化

然之伟力创造出各种令人叹服的景色，例如沙漠、海滩、高山、沟壑、峡谷以及地下溶洞。这张图片中的情景令人惊异，它激起人类探索岩洞深处奥秘的热情。岩石受到高温高压而产生奇妙的变化，最初的火成岩（即

地下的洞穴世界
美国亚拉巴马州的内弗辛克坑中的石灰岩岩洞很令人敬畏，它是地球上绝无仅有的禁地。

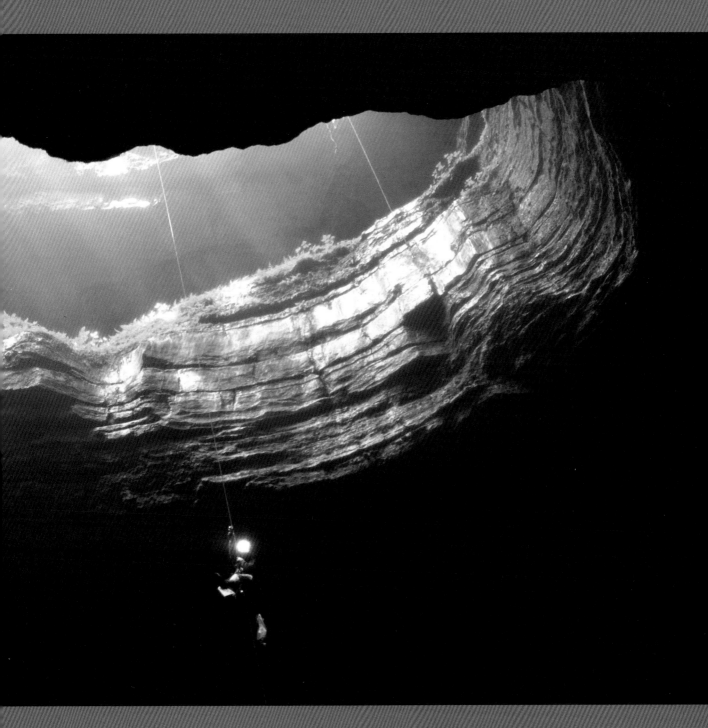

岩浆岩，分为侵入岩和喷出岩）变成沉积岩，然后再变成变质岩。许多科学家克服种种困难，抵达人迹罕至的不毛之地，甚至深入地球深处，探寻金银等奇异珍宝。有时候他们也艰难地找寻各种化石，以研究过去的生物和环境。●

岩石之火

岩浆从地壳深部或上地幔上升、冷却，然后固化，形成火成岩。当岩浆到达地表时仍为熔融态，则会相对迅速地固化，形成喷出岩，如玄武岩和流纹岩。此外，如果岩浆渗入洞穴或进入岩石各层之间，并慢慢固化，就会形成侵入岩，如辉长岩和花岗岩。侵入岩通常矿物颗粒较大，而且没有喷出岩的结构致密。侵入岩能够形成岩脉、岩床或地下岩基。火成岩是构成地球地壳的主要岩石。

复杂的过程

地壳深部或上地幔，岩石缓慢过渡为熔融或半熔融状态，即岩浆。岩浆穿过地壳上升，通过裂缝、孔洞或火山通道。在流动或静止的状态下以及在地下或喷出地表后，岩浆都能够固化。在不同温度、压力环境下，岩浆结晶出不同的矿物，就形成了不同类型的火成岩。

在地表之下
侵入岩

部分岩浆在地下经历了固化过程，形成侵入岩。当岩浆侵入到垂直裂缝中时，固化形成的是岩脉；在沉淀层之间固化形成的是岩床；而岩基则可绵延上百千米。总的来说，侵入岩固化较为缓慢，其形成的矿物颗粒较大。不过，岩浆固化过程将决定其结构形式，固化过程的快或慢以及岩浆在运动过程中分异或捕获物质等差异性将导致其形成的岩石大不相同。

花岗岩
花岗岩由长石、石英和暗色矿物等晶体组成，富含钠、钾、钙和硅，其中二氧化硅含量超过65%。

二氧化硅含量超过
65%。

岩脉
岩石的结构取决于其形成过程。因此，岩浆侵入岩脉形成的岩石与其周边的岩石在结构和颜色上都不相同。

围岩

侵入岩

地壳
坚硬的最外层

地幔
最大深度约为2 900千米

地核
推测可能是高压状态下铁、镍成分的物质

火山碎屑
火山角砾和火山灰飘浮数千米。

主喷发口

横向出口

熔岩

地壳中的岩浆温度可达
1 200℃。

岩脉
占据岩石层之间的空间。

岩浆房
接收来自地幔的岩浆物质。

岩浆

岩浆上升
由于熔融的岩石密度低，岩浆不断上升。

在地表
喷出岩

指由于火山活动以熔岩形式到达地表的岩石。这些岩石在地表的固化过程相对较快。一些喷出岩（如黑曜岩）因固化太快而不能结晶。此类岩石主要由其黏度进行区分，黏度使岩石形成特殊的纹理，这主要是由火山喷发时较低的含硅量和液化的气体造成的。高流动性的岩浆通常会覆盖较大面积的地表，因为它在地表固化，但在地下仍旧保持流动状态。

玄武岩
由流动的液态岩浆迅速冷却而形成。

火山锥
火山喷发物在火山口附近堆积成的锥状山地。

岩盖
位于表面各层之间。

岩脉
由岩浆侵入纵向裂缝中形成。

熔岩高原
大规模的熔岩流出地表造成的平缓高地。

火山出露层

分支岩盖

破火山口
火山口周边的火山堆积物发生崩塌、向内陷落而形成的比原火山口大得多的洼地。

侵入熔岩流

固态岩石

湖泊

淤泥滩

地幔中岩浆温度可达

1 400℃。

鲍文反应序列

不同的岩浆物质在不同的温度下固化。含钙、铁和镁的物质首先结晶，其颜色较深（如橄榄石、辉石）。钠、钾和铝在较低的温度下结晶，直到结晶结束之前，仍旧保留在残余岩浆中。钠、钾和铝只出现在浅色岩石中，其结晶时间较晚。有时候，可在同一块岩石中看到不同的结晶过程。

岩株
侵入岩产状之一，岩体体积较岩基小，在平面上常为圆形或椭圆形。

岩基
侵入岩产状之一，是巨大而不规则的侵入岩体，平面上大致呈椭圆形。

玛瑙岩

结晶的最后一层

岩浆冷却

结晶的第一层

富含钙

富含钠

雕刻山谷

约塞米蒂国家公园位于美国加利福尼亚州旧金山以东 320 千米处，占地约 3 100 平方千米，沿内华达山脉东麓延伸，以花岗岩峭壁、瀑布、晶莹透亮的河流和巨杉林闻名于世，每年接待 300 多万名游客。

约塞米蒂国家公园

➡ 公园海拔高度为 400~600 米。公园所处地区的地质构成大部分为花岗岩岩基，但公园内 5% 的面积由火成岩和沉积岩变质作用产生的地层构成。由于不同海拔高度和断层的侵蚀作用，这里形成了多种地质环境，如山谷、山丘等。

1.03亿年前

埃尔卡皮坦峭壁
花岗岩岩壁，高达 1 000 米，可用于攀岩运动。

地貌的形成过程

裂缝的侵蚀作用形成了许多山谷。在过去几百万年间，冰川作用一直是强大的侵蚀力量，冰川把河流冲击形成的 V 形山谷重新塑造为 U 形山谷。

1 岩基层
在约塞米蒂国家公园，几乎全部岩石构造都由花岗岩构成。花岗岩属于原始岩基。

2 抬升
1 000 万年以前，内华达山脉地壳抬升，使岩基显现。

3 侵蚀
100 万年以前，冰川消退使山谷变成 U 形。

花岗岩

高墙　　V 形山谷

U 形山谷　　冰川作用

约塞米蒂国家公园
美国

位置:	加利福尼亚州
面积:	约 3 100平方千米
开放时间:	1890 年 9 月 25 日
管理机构:	美国国家公园管理局

1.03亿年前

大教堂岩
约塞米蒂国家公园的主要岩石岩组之一,由致密的花岗岩岩壁聚集而成。

瀑布群
约塞米蒂国家公园的一些岩石层组变成了瀑布的平台,每年 4~6 月,瀑布上游的雪融化时更是如此。该山谷有 9 条瀑布,其中 5 条高度超过 300 米。约塞米蒂瀑布高 800 米,是北美洲落差最大的瀑布。

188米

瀑布
新娘面纱瀑布
该瀑布是由冰川在悬谷中消融后形成的。

8 700万年前

半圆丘
由一块花岗岩巨石构成,美丽壮观,无与伦比,高度约为 660 米。

森林
约塞米蒂国家公园有很多树种,还有三片巨杉林。

岩石
致密的花岗岩构成大块岩基。

裂缝
岩石节理处的侵蚀作用产生裂缝。

裂缝
岩石节理处的侵蚀作用使岩石内部形成裂缝,并形成山谷。大块冰川向下流动,将山谷塑造成 U 形。如今,这种独特的景观吸引了大批游客。

变化万千

风、冰、水等自然元素引起了地球地貌的巨大变化。侵蚀作用和搬运作用是岩石原料产生和散布的过程。随后，这些岩石原料不断沉积，变得稳定而致密，形成新的岩石。新岩石又会依次沉积，如此循环往复。这些岩石都属于沉积岩，也是人类较为熟悉的岩石，它们覆盖着地表的70%。科学家们通过观察不同时期的沉积岩，可以推测出当时的气候和环境发生了怎样的变化。●

岩钉
由风沙磨蚀作用形成。

沙漠台地

冲积锥
沉积物在峡谷口处沉积。

1 侵蚀
由于风、冰、水的作用，对岩石表层产生磨蚀和搬运。当岩石由于物理或化学作用而破碎时，侵蚀就开始了。

峡谷
由水冲击侵蚀所形成的狭窄深谷。

细颈柱
风和水侵蚀所形成的大块高耸的基岩。

沉积
沙子碎屑在低洼地区堆积。

蘑菇石
风沙对地表进行吹蚀、磨蚀会形成各种地貌，如蘑菇石。

风
风蚀和持续的沙蚀侵蚀了石峰的基础。

沙丘

绿洲

岛山
从平地上隆起的独立土丘，它受到的侵蚀影响比周围平地地区稍弱。

沙漠

沙漠是由风力塑造出的大型环境系统。因为缺乏水源，温度变化剧烈，各种物理作用力导致岩石破裂。偶尔产生的水流将岩石碎片冲到低洼地区。然后，风会把沙子和泥土吹走，这个过程被称为"吹蚀"。通过吹蚀，岩石颗粒被搬运到半干旱地区。

侵蚀型沙丘
风通过搬运丘顶的沙粒，使沙丘移动。

沙丘
风
积累沉积

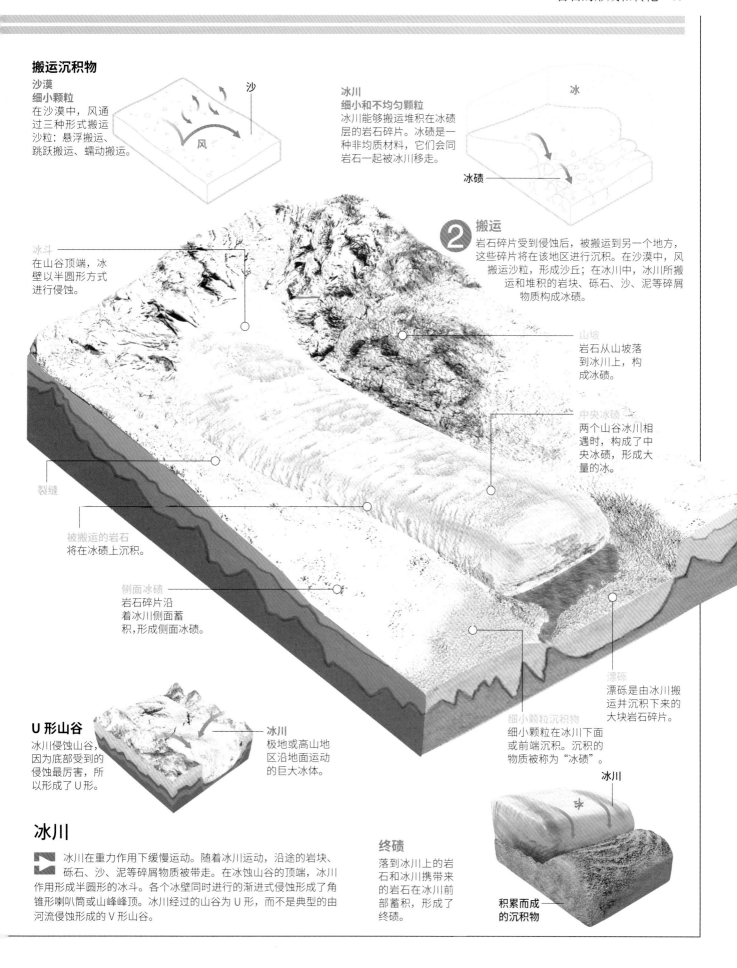

搬运沉积物

沙漠
细小颗粒
在沙漠中，风通过三种形式搬运沙粒：悬浮搬运、跳跃搬运、蠕动搬运。

沙
风

冰川
细小和不均匀颗粒
冰川能够搬运堆积在冰碛层的岩石碎片。冰碛是一种非均质材料，它们会同岩石一起被冰川移走。

冰
冰碛

冰斗
在山谷顶端，冰壁以半圆形方式进行侵蚀。

2 搬运
岩石碎片受到侵蚀后，被搬运到另一个地方，这些碎片将在该地区进行沉积。在沙漠中，风搬运沙粒，形成沙丘；在冰川中，冰川所搬运和堆积的岩块、砾石、沙、泥等碎屑物质构成冰碛。

山坡
岩石从山坡落到冰川上，构成冰碛。

中央冰碛
两个山谷冰川相遇时，构成了中央冰碛，形成大量的冰。

裂缝

被搬运的岩石
将在冰碛上沉积。

侧面冰碛
岩石碎片沿着冰川侧面蓄积，形成侧面冰碛。

漂砾
漂砾是由冰川搬运并沉积下来的大块岩石碎片。

细小颗粒沉积物
细小颗粒在冰川下面或前端沉积。沉积的物质被称为"冰碛"。

U 形山谷
冰川侵蚀山谷，因为底部受到的侵蚀最厉害，所以形成了U形。

冰川
极地或高山地区沿地面运动的巨大冰体。

冰川

冰川在重力作用下缓慢运动。随着冰川运动，沿途的岩块、砾石、沙、泥等碎屑物质被带走。在冰蚀山谷的顶端，冰川作用形成半圆形的冰斗。各个冰壁同时进行的渐进式侵蚀形成了角锥形喇叭筒或山峰峰顶。冰川经过的山谷为U形，而不是典型的由河流侵蚀形成的V形山谷。

终碛
落到冰川上的岩石和冰川携带来的岩石在冰川前部蓄积，形成了终碛。

冰川

积累而成的沉积物

沉积物的搬运

河流的长途搬运

河流能将沙子、砾石等物质搬运到很远的地方。河流发源于海拔较高的地区，流经较低的地区，然后流入大海。当流量较大时，水流就能运送大块的岩石；流量较小时，水流就只能运送小块的岩石。

大块岩石

海岸地区沉积

每次浪潮过后，海浪在近岸的流动过程中带来的沙子或砾石等物质不断积聚。河流的搬运作用也可以将沙子或砾石等物质运到河流入海口处沉积。

海岸

海浪

沙子或砾石

瀑布
较软的岩石受到侵蚀，产生岩洞，洞顶崎岖不平，最后会逐渐破裂脱落。

③ 沉淀

当携带沉积物的水流失去动能时，沉积物就分层沉淀，散布在广阔的区域。

坡地
河谷由硬岩石层构成，陡峭险峻。

崖壁
崖壁是横向侵蚀造成的。

急流
这些地貌地区中的大量物质是由河流侵蚀并运送而来的。

曲流
曲流的外侧是沉积物最多的地方。

V 形谷地的形成

与冰川侵蚀形成的 U 形山谷不同，河流谷地呈 V 形。

冲积平原
由沉积物构成。

河流
接近河流源头的地方，水流非常急，并不断侵蚀河床，形成 V 形谷地。

沉积物

河流

河流的源头靠近高海拔区域。河流从高海拔地区离开时，携带了巨大的能量，水流能够运送大块的岩石。在低海拔地区，河流在沉积物上方舒缓地流动，形成曲流，并产生横向侵蚀。到达海岸时，河流携带的物质沉积，形成三角洲。

三角洲的形成

河流进入海洋等处时，因水流能量减弱，在海洋等共同作用下，其所挟带的沙子、砾石等物质堆积形成三角洲。

初始阶段形态

最终阶段形态

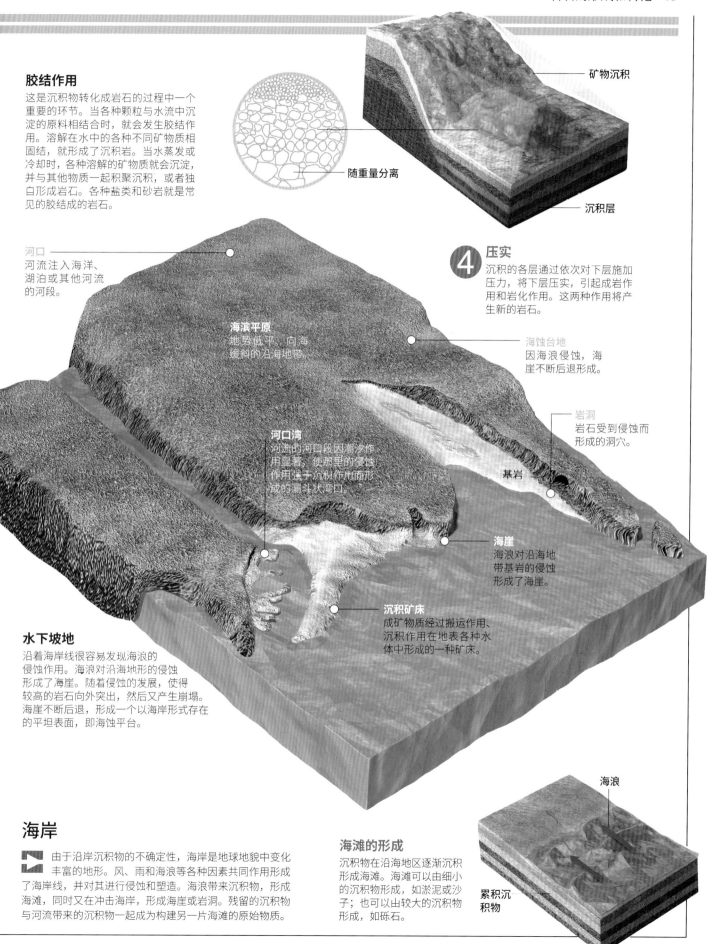

胶结作用

这是沉积物转化成岩石的过程中一个重要的环节。当各种颗粒与水流中沉淀的原料相结合时，就会发生胶结作用。溶解在水中的各种不同矿物质相固结，就形成了沉积岩。当水蒸发或冷却时，各种溶解的矿物质就会沉淀，并与其他物质一起积聚沉积，或者独自形成岩石。各种盐类和砂岩就是常见的胶结成的岩石。

矿物沉积

随重量分离

沉积层

河口
河流注入海洋、湖泊或其他河流的河段。

海滨平原
地势低平、向海缓斜的沿海地带。

4 压实
沉积的各层通过依次对下层施加压力，将下层压实，引起成岩作用和岩化作用。这两种作用将产生新的岩石。

海蚀台地
因海浪侵蚀，海崖不断后退形成。

岩洞
岩石受到侵蚀而形成的洞穴。

基岩

河口湾
河流的河口段因潮汐作用显著，使那里的侵蚀作用强于沉积作用而形成的漏斗状湾口。

海崖
海浪对沿海地带基岩的侵蚀形成了海崖。

沉积矿床
成矿物质经过搬运作用、沉积作用在地表各种水体中形成的一种矿床。

水下坡地

沿着海岸线很容易发现海浪的侵蚀作用。海浪对沿海地形的侵蚀形成了海崖。随着侵蚀的发展，使得较高的岩石向外突出，然后又产生崩塌。海崖不断后退，形成一个以海岸形式存在的平坦表面，即海蚀平台。

海岸

由于沿岸沉积物的不确定性，海岸是地球地貌中变化丰富的地形。风、雨和海浪等各种因素共同作用形成了海岸线，并对其进行侵蚀和塑造。海浪带来沉积物，形成海滩，同时又在冲击海岸，形成海崖或岩洞。残留的沉积物与河流带来的沉积物一起成为构建另一片海滩的原始物质。

海滩的形成
沉积物在沿海地区逐渐沉积形成海滩。海滩可以由细小的沉积物形成，如淤泥或沙子；也可以出较大的沉积物形成，如砾石。

海浪

累积沉积物

黑暗幽深

溶洞是一个中空的空间，主要是通过水对可溶性岩石（通常为碳酸盐岩）产生化学反应而形成的。洞穴内有三种结构：钟乳石（圆锥形结构，悬挂在洞顶）、石笋（从洞底向上伸出的结构）和石柱（钟乳石和石笋连接起来形成的结构）。溶洞形成的周期被称为"喀斯特循环（岩溶旋回）"，该周期持续约 100 万年。此期间，幼年期、壮年期溶洞拥有喧闹的水流和小瀑布，而老年期溶洞则是寂静的奇观，布满石笋、钟乳石和石柱。

喀斯特循环

通过碳酸的侵蚀作用，水溶解了含钙量高的岩石，形成了各种暗渠和地下通道网络。起初的裂缝不但会通过这个化学过程慢慢扩大，而且还会通过卵石与其他不溶解物的摩擦产生的机械作用变大。水滴渗入下层，从分层排列的敞口滴出，通过与不同层次相连的竖坑和通道散布开来。

平坦地面

裂纹

透水的石灰岩

不透水的岩石

1 洞穴层次的结构
地面原始结构由透水的石灰岩组成。石灰岩有裂纹，河水或雨水通过这些裂纹渗入，侵蚀过程也由此产生。

水渗滤

隧洞

方解石沉积

地下构造层

2 初始洞穴
水沿着地形轮廓形成地下河。首层碳酸钙沉积层开始形成钟乳石。

落水洞

拱顶

干通道

隧洞

巨穴

3 延伸的洞穴系统
几个隧洞连接到一起时，就形成了延伸的洞穴系统。有时候土壤表面开始下沉，这会形成落水洞。如果岩洞的延伸低于地下水位，就形成了隧洞。

石柱
钟乳石和石笋持续生长并连接到一起时就形成了石柱。

石笋
由含有溶解的碳酸盐的水滴滴落形成石笋。

钟乳石的形成

▶ 石灰岩是一种几乎仅由碳酸钙构成的岩石，在天然的酸性水中能够溶解。雨水吸收空气中的二氧化碳和地面的微生物，呈现弱酸性。当通过石灰岩裂缝渗滤时，随着时间的流逝，这种水会溶解石灰岩。如果这种水滴入洞穴，就会将二氧化碳释放到空气中，把碳酸氢钙沉积到钟乳石和石笋中，从而保持化学平衡。钟乳石是化学沉积岩的典型代表。

碳酸盐沉积的理想温度为

18℃。

1 水滴
每块钟乳石都起源于一粒小小的含有溶解的碳酸氢钙的水滴。

2 方解石
当水滴落下时，后面留下一条窄窄的方解石痕迹。

3 更多的层次
滴落的每粒连续水滴都沉积在另一个细密的方解石岩层之上。

4 内部隧洞
各层之间形成一条窄窄的管道（0.5毫米），水通过这条管道慢慢渗出。

5 钟乳石
如果很多水滴都通过这条管道沉积，就形成了钟乳石。

水滴 ——

钟乳石
钟乳.石通常在含碳量丰富的天然洞穴环境中形成，但有趣的是它也可以在混凝土结构的天花板上形成。

刚果洞
南非

长度：	**5.3千米**
深度：	**60米**
位置：	**开普敦东部**

其他形成

▶ 一条流动的地下河流可能形成两种景观：峡谷和溶洞。高于地下水位的地下河和瀑布通过对石灰岩的侵蚀和溶解，并通过沉积物磨蚀岩石层，形成高低起伏的深峡谷。在地下水位以下的洞穴中充满了缓慢流动的水，溶解碳酸盐的岩壁、地面和洞顶，形成了溶洞。

刚果洞

刚果洞独自坐落在奥茨胡恩高地上，处于前寒武纪形成的狭窄的石灰岩地带，因该地大量的方解石沉积而著称于世。刚果洞是由地下水位以下的更大的水道干涸遗留而产生的。当邻近的地表谷地被磨蚀得更低时，这条河道干涸了，并因此形成了石笋奇观。

岩石物语

随着时间的流逝，沉积物依次沉积形成了岩石层。有时候，这些沉积物中埋藏了生物的遗体，随后又变成了化石，这些化石能够提供关于地球环境和史前生命的重要信息。通过对各级岩层及其所含化石进行的各种综合分析，可以检测出岩石的地质年龄以及岩石所经历的演化过程。●

科罗拉多河
美国

连续性

大峡谷崖壁上色彩斑斓的各个岩石层诉说着地球的历史。600万年来，科罗拉多河一直在这座高原上开辟着自己的河道。沿河两岸的各个岩石层无间断地记录了整个地质史。

可可尼诺台地

吞突台地

吞突台地

琐罗亚斯德
花岗岩

三叶虫

节肢动物门已灭绝的一纲。其背壳纵分为中轴和两侧各一个肋叶三部分，横分为头、胸、尾三部分，故得名。三叶虫化石和笔石化石都是极具代表性的海洋动物化石。

演替的原则

化石以一种明确的顺序演替，这使得确定过往事件的时间成为可能。不同大陆上存在的相同化石有助于建立相互联系，也可以确定这些广泛分布着相同化石的地区处于同一地质年代。

化石的年龄

化石是由于自然作用而保存于地层中的古生物的遗体、遗迹等的统称。现在，科学家采用多种方法来估算其年龄，包括使用碳14 测定法。使用碳14 测定法能够精确测定距今6 万年以内的化石的年龄。如果化石存在的时间更久，还有其他方法进行精确测定。在一个已知的地区内，对于位于确定的沉积层的化石，科学家能够有效地确定其相对的时间范围。按照初始水平状态和演替的原则，就可以确定生物存在的时间。

1. 动物死亡时，可能会沉到河床上，隔绝了氧气，尸体开始腐烂。

2. 骨骼完全被沉积物所覆盖。随着时间推移，新的沉积物覆盖在较早的那层沉积物之上。

在化石作用过程中，生物组织的分子被使其产生石化作用的矿物精准地替代了。

3. 等到河流消失时，化石已经形成并结晶。地壳运动抬高了地层，将化石带到地表。

4. 侵蚀作用让化石完全显露出来。科学家使用碳14 测定法，可以确定化石的年龄是否小于6 万年。

岩石层次和时间流逝

岩石层次对于确定时间至关重要，因为各岩石层不但保留了关于地质历史的信息，而且还保留了过去的生命形式、气候及其他信息。原始水平定律认为，沉积物各层是在水平方向上，以与地表平行的方式沉积，并且通过两个横向连续性的平面清楚地加以划分。如果岩石层是褶皱或弯曲的，则肯定是经历过某些地质过程的叠加改造作用。这些断裂间断面称为不整合面。如果两个岩层间的连续性被打断，这说明上层沉积之前，下层经历了地质作用，导致两个地层之间发生地层缺失。这也称为不整合面，因为它打破了原始水平定律。

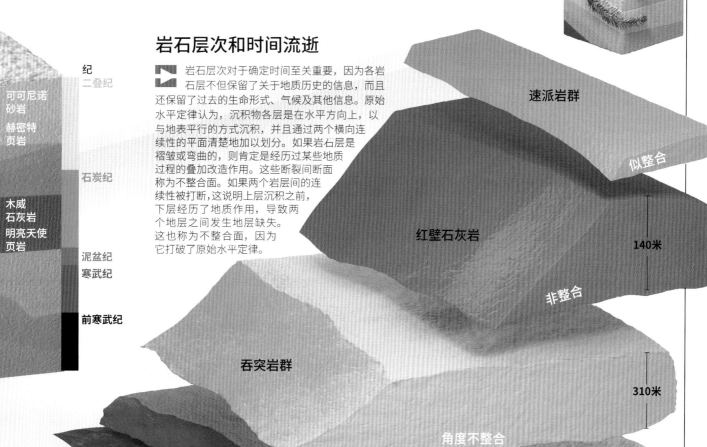

纪
二叠纪

可可尼诺砂岩
赫密特页岩

石炭纪

木威石灰岩
明亮天使页岩

泥盆纪
寒武纪

前寒武纪

速派岩群

似整合

红壁石灰岩

非整合

140米

吞突岩群

310米

角度不整合

不整合

昂卡岩群

毗湿奴片岩

短暂性间断
吞突岩群和红壁石灰岩之间的不整合面表现出一种短暂性间断。在红壁石灰岩和速派岩群之间存在短暂的连续性。

科罗拉多河

变质作用

变质作用是指受内动力地质作用或陨石超高速冲击的影响，原来的岩石为适应新的物理、化学条件而发生的矿物成分、结构、构造乃至化学成分等一系列变化的作用。变质作用是在岩石整体保持固体状态下发生的。按变质因素，可分为动力变质作用、区域变质作用、接触变质作用等。●

加里东山
英国

4亿年前的加里东造山运动中，英国苏格兰的地势被抬高。造山运动的压力形成了图片中所示的片麻岩。

动力变质作用

动力变质作用是常见的变质作用类型，当沿断层系统的大规模地壳运动引起岩石压缩时，会发生动力变质作用。巨大的岩块冲向其他岩块，当岩块遇到新的变质岩时，就形成了碎裂岩和糜棱岩。

片岩

板岩
在高温、高压环境下，板岩会变成千枚岩。

200℃
板岩
在 200℃左右时，由于压力作用形成的低级变质岩，此时变得更加紧凑致密。

500℃
片岩
在中等温度和 10 千米以上的深度发生的变质作用形成的层状分明的岩石。各种矿物能够再次结晶。

650℃
片麻岩
片麻岩是由距离地表 20 千米以上的深度发生的变质作用造成的，它受到非常强大的地质构造力和接近片麻岩熔点的温度影响。

800℃
熔化
在此温度下，大部分岩石开始熔化，直至全成为液体。

区域变质作用

由温度、压力以及具化学活动性的流体等多种因素引起的，变质方式多样、影响范围很大（可达数千平方千米）的综合性变质作用。主要发生在板块碰撞边界、造山带和地壳深部。常形成各种板岩、片岩和片麻岩等。

接触变质作用

由岩浆侵入带来的热量和流体对围岩作用而发生的一种变质作用。形成的接触变质岩围绕侵入岩成环带状分布，且变质程度由近到远逐渐降低。

上地壳

中地壳

下地壳

砂岩

片岩

石灰岩

岩浆

石英岩

角岩

大理石

岩浆

压力
随着岩石所受压力的升高，其矿物结构进行重构，岩石的体积减小。

温度
岩石距热源越近，温度越高，发生变质的程度就越高。

生命的基础

各 种生物在土壤的天然层上出生、生长、繁殖和死亡。我们在这个天然层上收获庄稼、饲养家畜、获得建筑材料，使这个星球的生命和矿物之间建立了联系。通过气候和生物中介的作用，岩石分解并形成了土壤。●

土壤的类型

我们发现，土壤中的母岩一直被空气、水、生物和分解的有机物所改变。土壤经历了许多物理和化学变质过程，形成各种不同类型的土壤，如一些腐殖质含量较高、一些黏土含量较高等。土壤的基本结构很大程度上取决于形成该土壤的基岩的类型。

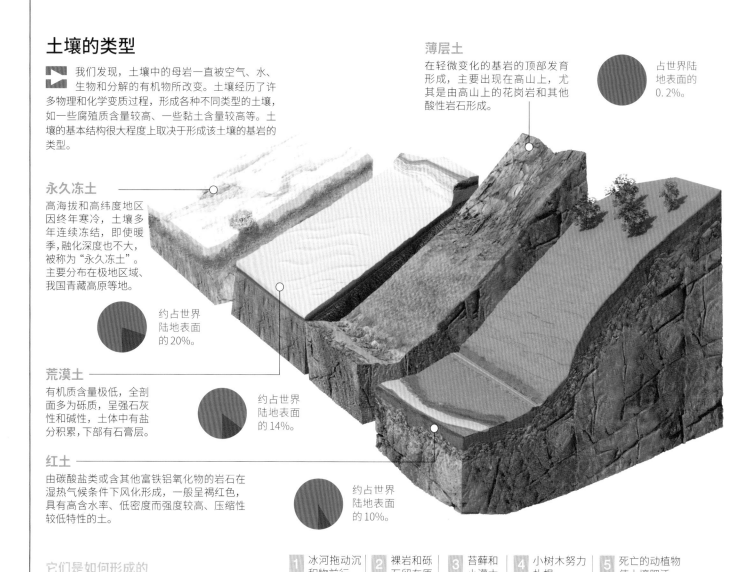

薄层土
在轻微变化的基岩的顶部发育形成，主要出现在高山上，尤其是由高山上的花岗岩和其他酸性岩石形成。

占世界陆地表面的0.2%。

永久冻土
高海拔和高纬度地区因终年寒冷，土壤多年连续冻结，即使暖季，融化深度也不大，被称为"永久冻土"。主要分布在极地区域、我国青藏高原等地。

约占世界陆地表面的20%。

荒漠土
有机质含量极低，全剖面多为砾质，呈强石灰性和碱性，土体中有盐分积累，下部有石膏层。

约占世界陆地表面的14%。

红土
由碳酸盐类或含其他富铁铝氧化物的岩石在湿热气候条件下风化形成，一般呈褐红色，具有高含水率、低密度而强度较高、压缩性较低特性的土。

约占世界陆地表面的10%。

它们是如何形成的

土壤是地球陆地表面能生长植物的疏松表层，由矿物质、有机质和生物质以及水分、空气等组成。土壤在成土母质、生物、地形、气候等自然因素和耕种、施肥、灌排等人为因素的综合作用下，不断演变和发展，是一种动态的有发展历史的自然体。即使是土壤中细小的孔洞，也都充满着水和空气，这些孔洞中生存着成千上万的细菌、藻类和真菌。这些微生物加速了土壤的分解过程，将土壤变成植物根系、各种小动物和昆虫喜爱的栖息地。

1 冰河拖动沉积物前行。

2 裸岩和砾石留在原处。

3 苔藓和小灌木生长。

4 小树木努力扎根。

5 死亡的动植物使土壤肥沃。

不同的特征

◤◢ 通过对土壤剖面的观察，可以区分不同的土层。各个土层具有不同的特征和性质，因此对不同土层进行区分以便研究及描述土层有着十分重要的意义。表土层富含有机物。表土层下是底土层，在这里营养物得以沉淀积累，有些植物的根茎可以生长到这里。再下面就是由岩石和小鹅卵石构成的岩石层了。

表土层
该层土壤颜色较深且富含营养物质。植物根系与腐殖质一起在这里构成了一个生态网络，腐殖质是由死去的动植物残余生成的。

底土层
含有许多来自岩床的矿物质。底土层是由复杂的腐殖质形成的。

岩床
岩床的不断衰竭及侵蚀使土层变厚。土壤质地在很大程度上也取决于其附着的岩床的类型。

生活在土壤中的生物

◤◢ 土壤中生活着很多细菌和真菌，这些物种的生物总量超出了生活在地表的动物总量。藻类植物（主要是硅藻类植物）的生长地也紧邻阳光充足的地层表面，那里还有螨虫、跳虫、胭脂虫、蚯蚓及其他种类的动植物。蚯蚓在地下挖掘地道，这些通道能够促进植物根系的生长，它们的粪便含有重要的营养素，并能够帮助土壤保持水分。

腐殖质
由有机物质构成，通常存在于表土层中。主要由微生物通过对掉落的枝叶或动物的粪便发生作用而生成。由于碳含量较高，高度肥沃的土层的颜色看起来比较深。

岩石循环

◤◢ 有些岩石经过岩石周期循环形成了土壤。在侵蚀力的作用下，地壳中的岩石形成各具特色的形状。这些形状的形成一部分是由于岩石自身成分特性，另一部分是由侵蚀力中介（气候方面或生物方面）的几种效应所造成的。

灰尘及火山灰被排入大气中。

火山喷出熔岩和火山碎屑。

火成岩冷却下来，受到侵蚀。

侵蚀

火山灰及其他火山碎屑沉积在各个土层中。

喷出岩和侵入岩
由火山喷发作用形成喷出岩。

一些沉积岩和变质岩经过侵蚀，形成新的土层。

这些土层逐渐累积并硬化。

沉积岩

地表下的岩浆冷却下来发生固化，从而形成侵入岩。

变质岩

热量与压力可以使得岩石在不熔化的情况下重结晶，从而变成其他种类的岩石。

岩石熔化形成岩浆。

火成岩

如果温度足够高，岩石将再次变成岩浆。

神圣崇拜

有些岩石在数百万年前就形成了，它们被人类赋予了神性，全球各地都有关于岩石的神话和传说。著名的岩石有：乌卢鲁巨石（也称"艾尔斯岩石"），安放在立方形神圣建筑物克尔白内的黑石，以及伊克斯坦岩石群。神学和地质学中都叙述和探究了这些岩石的起源。它们并没有随时光流逝而消亡，而是被转化成神话，流传至今。●

乌卢鲁卡塔茱达国家公园
澳大利亚

体积庞大、呈微红色的乌卢鲁巨石是在4亿年前发生的艾丽斯斯普林斯造山运动中形成的。构成古老冲积扇的砂岩和砾岩发生严重褶皱、断裂，在其尾端形成水平层叠。

40多米

伊克斯坦岩石群高40多米，由5根石灰岩岩柱组成，其上的岩洞、沟渠充满了神秘色彩。

伊克斯坦岩石群

➤ 伊克斯坦岩石群位于德国莱茵河北部的条顿堡林山，由扭曲怪异的石灰岩组成，这里是许多神话的摇篮。伊克斯坦岩石群与斯堪的纳维亚诗集《埃达》也有关联，还与雅利安神话有关。这些神话普遍认为，这些岩石是巨人们在夜里堆放在那里的。岩石又被魔鬼焚烧，变得奇形怪状。

信 仰

对澳大利亚原住民来说，岩石上的每道裂缝、每个隆起或每条沟槽都具有不同的意义。例如，岩石上的孔洞代表着死去的敌人的双眼。

乌卢鲁巨石

▶ 千百年来，乌卢鲁巨石一直是澳大利亚原住民的圣地。乌卢鲁巨石周长约 9.4 千米，高约 335 米，矗立在澳大利亚的荒漠之上。1872 年，高加索人发现了乌卢鲁巨石，为纪念澳大利亚著名总理亨利·艾尔斯，将其重新命名为艾尔斯岩。在这块巨大的砂岩上汇聚了澳大利亚原住民的各种想象，岩石上面绘有各种图形，包括昆尼亚妇女和头部受伤的勇士利卢等的形象。

岩洞壁画

乌卢鲁巨石拥有澳大利亚原住民祖先历史的一些典型特征。岩基周围的一些洞穴中有原住民的壁画，描绘了神话中梦幻时代的道路和边界。人们认为，洞内的许多雕刻都有神圣的起源。

岩石的种类

根据光泽度、密度、硬度及其他属性，可以对岩石的类型进行区分。晶洞的外表看起来与普通岩石一样，但是一旦被切开，就会露出各种奇妙的色彩和形状。岩石也可以按照形成方式进行分类，即火成岩、变质岩和沉

美丽而奇异
晶洞内部充满晶体，呈现
出美丽的构造。

积岩。岩石的主要特征取决于其蕴含的矿物成分。可燃有机岩主要由地质历史时期中丰富度较高的生物群被埋藏后经过长期特定的物理作用、化学作用和成矿作用而形成，包括煤炭、油页岩等。●

岩石的鉴别

根据形成方式，岩石可分为火成岩、变质岩或沉积岩，其具体特征则取决于构成岩石的矿物。根据岩石的成分，可以知道岩石的色泽、纹理和晶体结构是如何形成的。只要稍加学习和了解，我们就能够鉴别一些常见的岩石。

形状

岩石的最终形状很大程度上取决于其对外力的抵抗程度。冷却过程和随后的侵蚀过程也会影响岩石的形成。尽管这些过程引起了岩石的变化，但依然可以从岩石的外形推断一些岩石的历史信息。

棱角分明
岩石没受到磨损时，呈这种形状。

年 龄

在地质学研究中，判定岩石的年龄非常重要。

磨圆
侵蚀和搬运过程中引起的磨损，让岩石具有圆滑的形状。

矿物成分

岩石是天然产出的具有稳定外形的矿物集合体。不同矿物学成分的岩石，性质也有所不同。例如，花岗岩含有钾长石、斜长石等，缺少其中任何一种矿物，都会形成不同的岩石。

色泽

▶ 岩石的色泽取决于构成岩石的矿物的颜色。一些颜色是由于岩石的高纯净度而形成的，而另一些颜色则是由岩石中所含杂质形成的。例如，大理石如果含有杂质，就会产生不同的暗斑。

白色
由纯方解石或白云石构成的大理石，通常为白色。

黑色
各种杂质造成大理石内部不同的暗斑。

1 厘米

断口

▶ 岩石破裂时，其表面产生裂缝。如果裂缝最终形成一个平坦的脱落表面，则称之为断口。岩石破裂通常发生在其矿物结构发生变化的地方。

白色大理石

杂质

白色大理石

结晶花岗岩

白色大理石

结构

▶ 结构指构成岩石颗粒的大小和排列。颗粒有粗有细，还有些岩石，例如砾岩，其颗粒是由其他岩石的碎片构成的。如果碎片是磨圆的，则不够致密，因此，形成的砾岩也有较多孔隙。对于沉积岩来说，因为它以沉积物为主要成分，所以其颗粒较细密。

颗粒
岩石的颗粒可能是粗大的，也可能是细小的。

晶体
熔融的岩石冷却，其化学元素自行重组，就形成了晶体。矿物也就以晶体的形式存在。

火成岩

火成岩是地球深处的岩浆侵入地壳内或喷出地表后冷凝而形成的岩石，可按照其成分进行分类。这种分类方式重点考虑下述因素：各类岩石中矿物硅、镁和铁的相对比例，各矿物的颗粒大小（能够揭示它们的冷却速度）以及它们的颜色。富硅矿物（如石英、长石等）含量高，则岩石颜色较浅；贫硅富铁、镁的矿物含量高，则岩石颜色较深。岩石的结构由其晶体颗粒的构成形式决定。●

地下：侵入岩

此类岩石通过岩浆体在其他岩石的深处固化而形成。通常来说，岩石在地壳中都经过一个缓慢的冷却过程，该过程会让形成的纯矿物晶体变得足够大，用肉眼即可看到。通常，它们呈致密结构，孔隙较小。根据岩浆的成分，此类岩石可分为酸性侵入岩、碱性侵入岩等，其中花岗岩是分布最广的酸性侵入岩。

粉色花岗岩的放大照片

花岗岩
花岗岩主要由石英、碱性长石、酸性斜长石和少量深色矿物组成。其颜色较浅，富含二氧化硅。因为花岗岩的抗磨损能力强，所以经常被用作建筑材料。

辉长岩
辉长岩是矿物成分主要为单斜辉石和基性斜长石等的侵入岩。辉长岩通常固化缓慢，含有较粗大的颗粒。

形成花岗岩的最小深度为

1.6千米。

花岗闪长岩
花岗闪长岩通常易与花岗岩混淆，但是花岗闪长岩的颜色更灰暗，因为它所含的石英晶体和含钠斜长岩晶体多于长石。花岗闪长岩的颗粒粗大，含有被称为"矿瘤"的黑色晶体。

花岗闪长岩的放大照片

橄榄岩
橄榄岩主要由橄榄石（使岩石呈深绿色）和辉石构成。橄榄岩的硅含量不到45%，镁含量丰富。镁是一种非常轻的金属。橄榄岩作为古地壳的残留物在地幔上层的含量丰富。

岩墙和岩床：矿层中形成的岩石

某些种类的火成岩是在矿层或裂缝中固化的上升岩浆中形成的。所产生的片状岩体，垂直方向的称为"岩墙"，水平方向的称为"岩床"。此类岩石的成分与侵入岩和喷出岩的成分类似。实际上，与岩墙和岩床相同，侵入岩和喷出岩也可在裂缝中形成。但是，岩浆在岩墙或岩床中固化的方式使它们形成与喷出岩、侵入岩不同的晶体结构。

玻璃质连接的晶体

斑岩

斑岩的固化分为两阶段。第一阶段是较慢的阶段，形成了粗大的斑晶。然后是第二个阶段，斑晶随岩浆移动，形成了较小的、玻璃质的晶体。斑岩得名于其呈现出的斑晶。

伟晶岩本身十分光滑

伟晶岩

伟晶岩是一种储量丰富、呈酸性的岩石，其矿物成分与花岗岩相同。不过，其固化过程非常缓慢，这种缓慢的过程能够让其晶体生长到数十厘米大小。

线　索

伟晶岩是各种稀有金属矿产和水晶、宝石等非金属矿产的重要来源。

喷出岩，火山的产物

喷出岩是由火山喷发作用所形成的一类火成岩。喷出岩的结构和成分与喷出岩形成地区的火山活动密切相关。喷出岩是快速固化过程的产物，它们通常具有非常细小的颗粒。当喷出岩从火山喷出时，因在冷却前没有时间结晶，形成了玻璃质结构。

玄武岩

玄武岩构成了海洋地壳的主要部分。玄武岩的硅含量较低，形成了其标志性的黑色。快速的冷却和固化过程使得玄武岩的颗粒非常细密。玄武岩可作为优质的铸石原料，并可做优良石材。

浮石

浮石产生于熔岩，有较高的硅含量和气体含量，呈泡沫状。这也是浮石在快速固化过程中形成密集多孔结构的原因，这种多孔结构能使浮石在水面上漂浮。

柱状节理

英国北爱尔兰巨人堤道的玄武岩呈现出柱状节理。

六方柱状节理

这是玄武岩在冷凝时形成的。

黑曜石

这种岩石色泽黑亮，由于其纯度不同，因此暗度有所区别。因其经历了迅速冷却的过程，故结构呈玻璃质状，而非结晶状，因此黑曜石也常被称作"火山玻璃"。严格说来，黑曜石是一种类矿物。以前黑曜石常被用于制作箭头。

海洋沉积

有机物遗体的沉积和岩化也可形成沉积岩，常见的例子是珊瑚礁。珊瑚礁在水下生长，广泛分布在许多较平静海域的海岸地区。许多石灰岩也是这样形成的，它们主要由方解石构成。因为沉积岩多孔隙，通常成为化石燃料的储藏地，化石燃料也来源于有机物。其他岩石，如介壳灰岩，是通过海洋里贝壳碎片的沉积形成的，随着时间的流逝，各种物质填满、黏接其间的空隙，并发生石化作用。

形成珊瑚礁所需的水温为

18~30℃。

从沉积到岩石

由于上面各层的压力，沉积物发生压缩和岩化，体积减小了40%。水中溶解的各种其他物质（方解石、硅和氧化铁）填满了沉积物颗间的孔隙，一旦水分蒸发，胶结作用就会发生。

介壳灰岩

方解石

美国亚利桑那州的珊瑚

在古生代早期（约5亿年前），现在的美国西部山地地区还属于沿海地区，大量珊瑚在此活动。今天，我们在亚利桑那州大峡谷所看到的大量的碳酸钙岩组，就起源于那些珊瑚。这些碳酸钙岩组与许多年轻的岩石同时存在。

珊瑚礁

➡ 珊瑚礁是热带、亚热带海洋中的一种石灰质岩礁。主要由造礁珊瑚的石灰质遗骸和钙藻、贝壳等长期聚结而成。造礁珊瑚与海葵、水母、虫黄藻等共生，并以群居方式生存，它们的石灰质遗骸沉积时会形成方解石。

与海岸平行的堤礁

礁湖

大陆架

珊瑚如何生长

活珊瑚虫

钙质骨骼

分权的珊瑚虫

枝状珊瑚

脑状珊瑚

海里的珍珠和宝石

➡ 为了保护自己不受异物入侵，如沙粒卡在套膜和外壳之间，双壳类软体动物会通过蛋白质（贝壳硬蛋白）和方解石构成的交替同心结构，将入侵物包裹其中，这就是珍珠的诞生过程。精美的珍珠主要产自热带海洋温暖、清澈水域中的珠母贝。

1 珠母的各层
方解石和蛋白质的混合物被称为"贝壳硬蛋白"。

牡蛎

沙粒

珠母的各层

珍珠（内部）

封裹动作

2 珍珠的光泽
珍珠的光泽来自珠母结晶体的光学属性。

平珊瑚
珊瑚通常群居生长，一层一层地形成珊瑚礁。

1米

这是珊瑚礁在一年中向水面方向生长的高度。

天然珍珠

采集碎屑岩

各 种沉积岩中，占比最高的是碎屑岩：碎屑岩是由母岩机械风化产生的矿物和岩石碎屑经搬运、沉积、压实和胶结而形成的岩石。其组分除碎屑颗粒外，还有杂基和胶结物。按碎屑颗粒的大小，分为砾岩和角砾岩、砂岩、粉砂岩等。通过对碎屑岩的成分、胶结物和结构构造进行分析，能够对岩石和岩石所处地区的地质历史进行重构。一些碎屑岩非常坚硬，而另外一些则较为松软，可应用于工业和建筑业。●

黏土、火山灰

这些原料构成了孔隙较少、颗粒细小的碎屑岩。泥屑岩是由黏土构成的岩石，黏土的主要成分是直径小于 0.004 毫米的颗粒。泥屑岩一般通过化学沉淀作用胶结。一些由火山灰构成的岩石也具有类似的颗粒，这些岩石都是非常重要的建筑材料。

沉积的火山碎屑

在很多沉积岩中，可以发现一些单层或多层细颗粒的火山碎屑。但其中由较大火山碎屑构成的岩石比较少。火山喷发时，较大的火山碎屑在落到地面之前，在空气中发生固化。此类岩石虽起源于火山碎屑，但却是通过沉积而变成岩石的。

凝灰岩

凝灰岩是火山碎屑沉积胶结而形成的岩石，按碎屑的不同，分为玻屑凝灰岩、晶屑凝灰岩及岩屑凝灰岩三种。

高岭石
一种黏土矿物，潮湿时有良好的可塑性。

黏土压缩时，整体的体积减小

40%。

黏土

通常称为"黏土"的物质其实是一种未固结的岩石，它由含水的硅酸盐构成，通常含有很多杂质。高岭石是一种黏土矿物，质地松软，呈白色，即使在炉窑里烧制后，颜色仍保持不变。高岭石呈鳞片状微晶结构，通常含杂质。

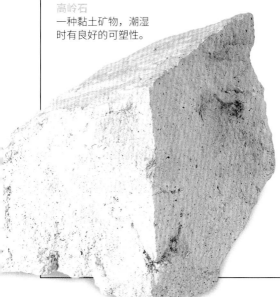

白垩

白垩由生化作用形成的方解石的岩屑构成，起源于近海。经过侵蚀和搬运作用，白垩在近海斜坡上沉积，并变得致密。

压缩后
颗粒非常细小的沉积物。

各种砂岩

砂岩是砂粒含量占 50% 以上，其余为杂基或胶结物所组成的一种碎屑岩。按砂粒与杂基的含量，分为砂屑岩和杂砂岩两类；按砂粒主要成分，分为石英砂岩（石英及硅质岩屑含量超过 95%）、长石砂岩（长石碎屑含量超过 25%）、岩屑砂岩（岩屑含量超过 25%）。

砂岩

砂岩是砂粒含量占 50% 以上，其余为杂基或胶结物所组成的一种碎屑岩。

长石砂岩

长石砂岩的长石碎屑含量超过 25%，除此之外其主要成分还有石英及少量云母、岩屑等。通常来说，长石砂岩多孔隙，只有不到 1% 的孔隙是空的。此样本中，略带粉色的部分由长石构成，白色部分由石英构成。

杂砂岩

杂砂岩中，碳酸钙、石英、长石和云母的比例有特定范围。它与一般的砂岩不同，其胶结材料含量较高（超过 15%）。胶结物质形成了杂砂岩的基质，这使得它更为致密。

20%

的沉积岩为砂岩。

砾岩

构成这些岩石的颗粒的直径大部分超过 2 毫米。某些情况下，能够通过肉眼识别出形成砾岩的原生岩石，也就能确定沉积物的起源区域。根据砂砾和胶结物的结构特征，可以观测岩石中的交错层理，进而推断岩石沉积时的水流特征。利用这些信息，就能重构岩石的地质历史。

角砾岩的局部放大照片

砾岩

砾岩由较大粒径的岩石碎屑构成，它是经过快速堆积又被压实成岩的沉积岩的典型代表。砾岩中砾石的分选性差、成分混杂，说明了其母岩的多元性，它可能是由快速的自然冲积形成，也可能与冰碛作用有关。

85%

的碎屑岩颗粒的直径超过 2 毫米。

角砾岩

角砾岩颗粒粗大，有齐整的棱角和边缘。这说明沉积物的被搬运距离并不太远，发生胶结的地方离母岩区较近。

有机岩石

有机岩石主要由地质历史时期中丰富度较高的生物群被埋藏后经过长期特定的物理作用、化学作用和成矿作用而形成。在形成过程中，埋藏深度越深，生物群所含热量越大，岩石的热值和热转化就越大。这些物质所经历的变化称为"碳化"。

煤炭的形成

在 3 亿多年前的古生代和 1 亿多年前的中生代以及几千万年前的新生代时期，在海洋盆地或大陆盆地树皮和孢子植物等植物原料，通过厌氧细菌的作用，碳含量越来越丰富。这些原料没入水中，免受氧化。

植被转化成硬煤

1. 植被

在泥炭沼泽中，地表的有机化合物被含氧量稀少的水所覆盖，有效地将其保护起来，避免了氧化。

2. 泥炭

在泥炭沼的酸性水中部分腐烂和碳化，有机物质转化成碳。

含 60% 的碳。

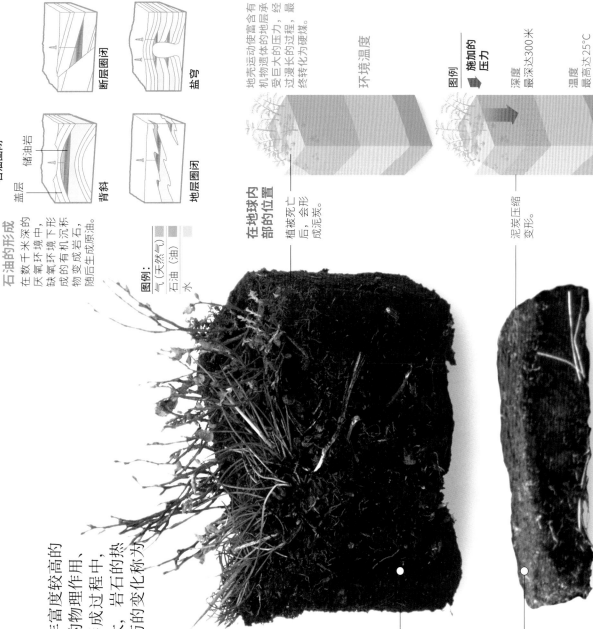

石油的形成

在数千米深的厌氧环境中，缺氧环境下形成的有机物沉积，随后生成岩石，随后生成原油。

图例：
气（天然气）
石油（油）
水

背斜

盖层
储油岩
石油圈闭

断层圈闭

盐穹

地层圈闭

在地球内部的位置

地壳运动使盆内有机物遗留的地层经受巨大的压力，经过漫长的过程，最终转化为硬煤。

环境温度

图例：施加的压力

深度 最深达300米

温度 最高达25°C

植被死亡后，会形成泥炭。

泥炭压缩变形。

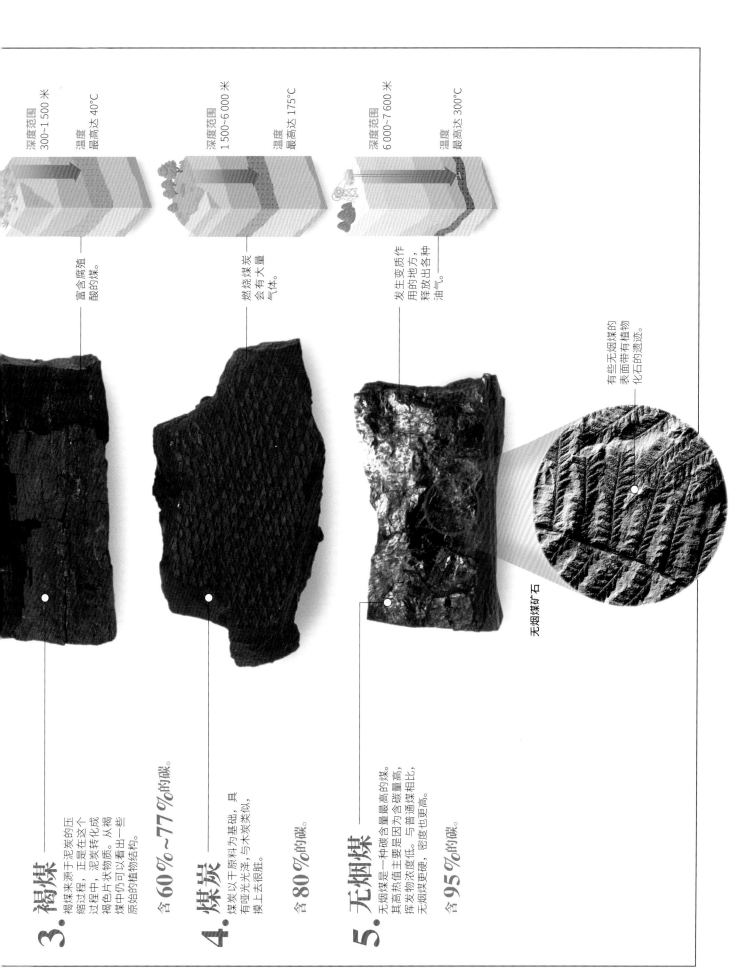

深度范围 300~1 500 米

温度 最高达 40℃

富含腐殖酸的煤。

深度范围 1 500~6 000 米

温度 最高达 175℃

燃烧煤炭会有大量气体。

深度范围 6 000~7 600 米

温度 最高达 300℃

发生变质作用的地方，释放出各种油气。

有些无烟煤的表面带有植物化石的遗迹。

无烟煤矿石

3. 褐煤

褐煤来源于泥炭的压缩过程，正是在这个过程中，泥炭转化成褐煤。从褐煤中仍可以看出一些原始的植物结构。

含 60%~77% 的碳。

4. 煤炭

煤炭以干原料为基础，具有哑光光泽，与木炭类似，摸上去很脏。

含 80% 的碳。

5. 无烟煤

无烟煤是一种含碳量最高的煤。其高热值主要是因为含碳量高，挥发物浓度低。与普通煤相比，无烟煤更硬，密度也更高。

含 95% 的碳。

常见的变质岩

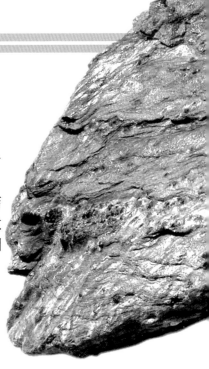

变质岩的分类比较复杂，就算是在同样的温度压力条件下，也不一定会形成同一种岩石。基于这种原因，此类岩石被分成两大类，即有次生面理和无次生面理。在转化过程中，岩石的密度增加，进而结晶形成更大的晶体。此转化过程对矿物的纹理结构进行重构，形成层状或条纹状纹理结构：大部分岩石的颜色来自其组成矿物的颜色，但它们的纹理结构却不仅仅取决于其组成成分。●

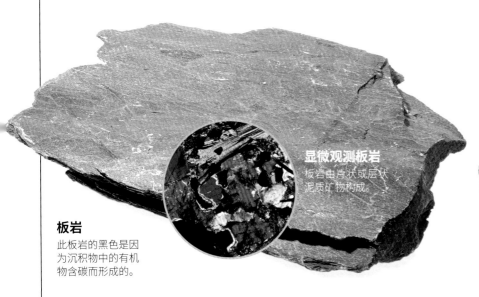

显微观测板岩
板岩由片状或层状泥质矿物构成。

板岩
此板岩的黑色是因为沉积物中的有机物含碳而形成的。

含石榴石的片岩
此岩石的名称来自其元素。片岩决定了其纹理，石榴石决定了其颜色和它与众不同的特征。

板岩与千枚岩

这两种层状岩石在适度的温度和压力条件下会再次结晶。板岩颗粒非常细小，由小的云母晶体构成，主要用于生产瓷砖、地砖、黑板和台球案等。板岩几乎全是通过沉积物中的低等级变质作用形成的，只有少数是由火山灰形成的。千枚岩介于板岩和片岩之间，是变质作用的一个阶段产物，它由非常细小的云母晶体构成，如白云母或绿泥石。

千枚岩
千枚岩与板岩类似，以其丝绸般的光泽闻名。

云母片岩
云母片岩的特殊光泽由其所含的无色或白色的白云母晶体决定。

角闪石片岩
角闪石片岩中含有钠，以及相当多的铁和铝。

片麻岩

有条纹的岩石通常含有长形和颗粒状矿物。最常见的类型有石英、正长石和斜长石。它也可能含有少量的白云母、黑云母和角闪石。其标志性的条纹是因为浅色和深色硅酸盐的析离作用形成的。片麻岩与花岗岩的矿物成分相似，通过沉积形成，或是从火成岩衍生形成，也可以通过片岩的高等级变质作用形成。片麻岩是变质过程产生的终极岩石。

板岩
由于解理，板岩接近平板状。

叶 理

叶理是层状或条纹状纹理，是岩石受到压力而产生的。

条 纹

条纹能够确定岩石所承受的压力的方向。

含石榴石的片岩
在变质作用过程中，形成了深红色的石榴石晶体。

大理石和石英岩

大理石和石英岩的结构致密，且不分层。大理石是粗颗粒石灰岩，由石灰岩或白云岩变质而来。因为其颜色和硬度方面的特点，大理石常用于建设大型建筑物。石英岩非常坚硬，通常由富含石英的砂岩构成。在温度压力等变质条件加强的情况下，石英会像玻璃片一样熔化。石英岩一般呈白色，但是，氧化铁会让其色调略带红色或粉色。

石英岩的硬度为

7级。

石英岩
石英岩坚硬结实，因为石英颗粒相互镶嵌，石英岩结构致密。

片岩

此种岩石接近片状结构，会脱落为细小叶片。片岩的 20% 以上都是由平滑、细长的矿物组成，一般包括云母和闪石。要形成片岩，则需要更强烈的变质作用。不同片岩质岩石的名称和特点取决于构成这些岩石的主要矿物，或是产生片状剥落的矿物。最主要的片岩质岩石有云母、角闪石和滑石。因为这类岩石有不同的层次，所以常被用于雕塑。

片岩中云母颗粒的大小为

1毫米

或1毫米以上时，肉眼即可看到。

大理石
大理石因为其结构和光泽受到高度评价，常用于雕塑和建筑。

显微观测大理石
杂质和附属矿物会使大理石着色。

片麻岩
热量和压力能把花岗岩转化为片麻岩。

佩特拉废墟奇观

去，古罗马的历史学家们常常谈到一座神秘的石头城。1812年，瑞士人约翰·路德维格·贝克哈特重新发现了这座城市——佩特拉。科学家曾在佩特拉发现新石器时代文明的遗迹。不过，佩特拉是游牧民族纳巴泰人在公元前6世纪前后建成的。纳巴泰人善于经商，他们通过控制香料贸易而发迹。这座雕筑在砂岩上的城市在经历了数度辉煌之后，最终沦为残垣废墟。

神庙与墓穴

进入佩特拉古城的唯一途径是行穿过岩石中间的一条狭窄的通道。这条通道长1.5千米，在某些地段，宽度还不到1米。进入古城，首先看到的是宝库。然后是一座古罗马式的圆形剧场。这些建筑都雕刻在山崖中，上面开凿有3 000多座古老的墓穴。城市还建有防御工事。

大寺庙
原始城墙
拜占庭式城墙
基督徒坟墓
圆形剧场
宝库

艾尔库巴特山
乌姆爱尔比艾拉山
哈比斯城堡
大街

5千米

游览胜地
各种岩石建筑是在1 000多年间的不同时期建造起来的。

深藏于沙漠之中

佩特拉深藏在群山之中，在约旦首都安曼以南250千米处，位于红海和东非大裂谷以北。

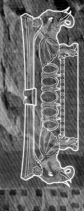

不确定的起源

佩特拉的建筑主要为希腊风格、埃及风格和罗马风格。不过，直到今天，它们与东方元素仍难以确定密切共存。专家们仍难以确定佩特拉的起源和建设时间。佩特拉的外部装饰与神庙的设时间。佩特拉内饰形成鲜明对比。外部装饰绘有起源于繁荣时期（公元前1世纪）严谨连内饰的奢华的公共浴室。不过，佩特拉的大部分的公共入口（在鼎盛时期约多达20 000人）都居住在红土砖房屋中。

大象

大象分布在亚洲和非洲。在佩特拉遗址中能看到大象的形象，这种特殊的郭城装饰中的文化融汇产生了一些意象，而这出在世界上的其他任何地方都没有出现过。因此，考古学家们很惊讶佩特拉艺术受到如此的准确形象。

东西方世界之间的大门

▲ 这座雕像是塞拉皮斯神，是希腊和埃及信奉的神，建于公元前4世纪。塞拉皮斯神源于希腊，但方尖塔造型和立方体石块作为典型的埃及纪念碑风格，在佩特拉也被广泛采用。曾有很长一段时期，人们认为佩特拉是《圣经》中的城镇以东，它的战略位置使之成为印度人和非洲人的交通枢纽。佩特拉对罗马帝国和拜占庭都产生了深远影响，因为它是去往东方的大门。7世纪早期，纲巴泰文明开始融入伊斯兰文明，最终退出历史舞台。

科林斯式柱头
希腊建筑中最经典的柱头设计形式之一，其他还有爱奥尼亚式和多里克式柱头。

翼狮
这些雕塑位于阿塔迦狄蒂斯神庙中，在纳巴泰文明中，阿塔迦蒂斯神是丰饶女神。

岩石雕刻
▲ 在砂岩上利用地形特点进行建筑。建筑工匠在上开凿石上已有的裂缝和裂缝的砂岩至少由两种和原始类型的沉积物构成，这些沉积物的颜色各不相同。佩特拉有些人认为，这些沉积物来自不同的地质阶段，但更可能的情况是，最初的沙子是由不同类型的颗粒沉积物构成的。

砂岩
砂岩是一种沉积岩，颗粒为中等大小（直径不到2毫米），硬度和硬度都很高，其矿物成分多种多样，在约旦沙漠中的砂岩最终形成峭壁。

传说这座建筑物中藏有法老的财宝。这座建筑物的立方体内墙面光滑，兽室整行排开。

塞拉皮斯神
塞拉皮斯神是农业及来世守护神，以蓄发男人的形象出现。

岩石及矿物的用途

古以来，人类从未停止对煤炭的开采。大多数矿脉都位于地面以下数百米处，只能采用地下开采的方式，进入地球深处挖掘这些宝藏。人类社会许多产品的原材料都来源于这些从地球内部获得的各种物质，它们是现代

文明的基础。遗憾的是，地球的煤炭和油气储量资源日渐枯竭，人类不得不努力寻找其他替代性能源，比如核能，核能需要铀等放射性元素，它们就存在于某些岩石中。●

日常应用

我们简直无法想象，如果没有用岩石、金属或非金属矿物制造的物品，我们的生活将会变成什么样子。要证明这一点，只要简单地观察一下汽车的各个配件，然后寻根溯源，想一想它们的形成过程就够了。在某些情况下，我们很容易明了某种物质的结构特征，但也有一些物质（尤其是非金属，如煤和硫）并不那么引人注目，但它们也构成生产过程的一部分。这种生产过程往往注重利用每种物质的物理、化学特性。●

碳氢化合物：能量之源

石油衍生物一经燃烧，就会产生推动前进的能量。这种燃烧反应将燃料箱里的汽油变成了由排气管排出的废气。在这个过程中，通过一种带有成千上万个过滤室的催化剂过滤掉了两种毒性极强的气体：一氧化碳和氧化氮。

电气特性：导体、绝缘体和半导体

金属容易失去电子，它们是生产电缆和电路的核心原料。非金属（及其聚合衍生物）阻碍电子的流动，常被用作绝缘体。其他矿物（如硅）的特性介于二者之间，别具用途。电子元件就是通过对矿物添加杂质，改变其特性而制造出来的。

控制板
接触面较小的地方，使用的金属更加贵重。硅常用于芯片和其他电子产品，而锶元素涂料常用于磷光性显示器。

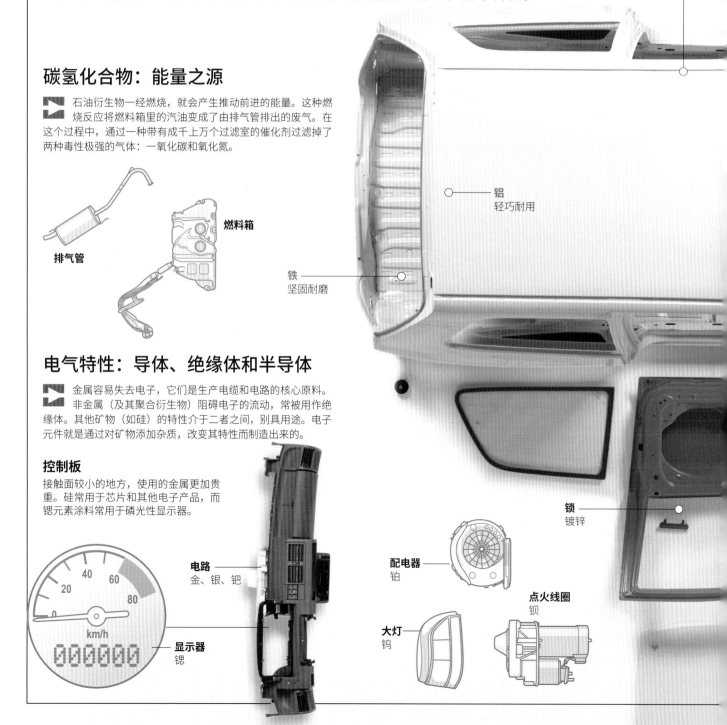

车体
铝、钛、镁和

燃料箱

排气管

铝
轻巧耐用

铁
坚固耐磨

锁
镀锌

配电器
铂

点火线圈
钡

大灯
钨

电路
金、银、钯

显示器
锶

40 60 80 20
km/h
000000

金属

汽车车体由铁、铝和镁构成。其他金属用于生产抗扭转（钒、镉）、耐高温（钴）和耐腐蚀（镍和锌）的部件。钡和铂用于生产非常特殊的部件，其他金属的用量较少，如用于润滑剂、车用液体或涂料。

发动机架
发动机架用于支撑发动机，由磁铁矿（一种铁矿石）制作而成。

接线系统
铜

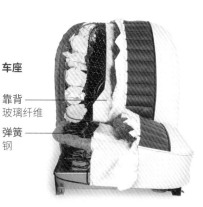

车座

靠背
玻璃纤维

弹簧
钢

发动机
铝、镁、
铁、钴

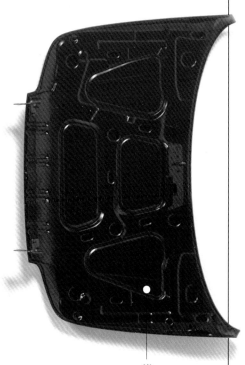

镁
增加灵活性

非金属

硅及硅衍生物（硅酮、硅石和硅酸盐，如石棉）在汽车制造中被普遍应用。它们一般以晶体形式（如石英）或非晶体形式（如玻璃）存在。其他非金属有助于增强金属的性能，例如在钢的生产过程中添加碳，在橡胶硫化过程中添加硫黄等。

车轮
在合金和汽车面漆中经常需要添加钛。

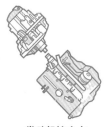

镜子
玻璃和铅

窗户
玻璃

方向盘
硅胶涂层

发动机接合点
石棉

火花塞
陶瓷

轮胎
橡胶

金银之山

从决定开采有价值潜力矿物的区域，到批量获取这些矿物，大型复杂的开采作业往往要持续数年，例如维拉德罗矿的开采。维拉德罗矿是一座位于安第斯山脉上、阿根廷圣胡安省的露天金银矿，由加拿大巴里克黄金公司开采。在 2005 年 10 月获得第一批金锭之前，该公司进行了长达 10 多年的研究和前期开发工作。为了开矿作业，首先修筑了道路和房屋。因为开采必须使用炸药，而且提纯过程需要使用有毒物质（如氰化物），所以前期要对开采造成的潜在环境影响进行全面的分析评估。●

维拉德罗矿
阿根廷

总面积：	3 000 平方千米
雇佣建筑人员（高峰时期）：	5 000 人
黄金储量（首次估算）：	900 吨
预计使用期限：	17 年

巨大的露天矿
维拉德罗矿位于安第斯山脉上、阿根廷圣胡安省。为了提取黄金，每年要消耗大量的氰化钠。

矿区海拔高度为

4 000米。

1.

勘探

1~3年

费用：1 000万美元

1994 年开始勘探。在勘探阶段，对可能存在矿床的广阔区域进行了分析。分析地表岩石时，必须进行绘图作业，研究和制作卫星图像，并现场考察。

非生产性区域
不能产生满意的开采成果的区域。

可用性区域
通过钻孔和爆破开采的区域。

地表岩石
在勘探过程中，采集现场样品进行分析。

肉眼观察

地层
根据地层特征，绘制该地区的地质地图。

直接观察
地质学家进行现场勘查，并采集岩石样本。

2. 矿区蓝图

2~5年

费用：5.47亿美元

对储量和成本进行分析之后，必须公开矿物储量，评估开采将造成的环境影响。随后建立基础设施，包括道路、房屋以及河流分洪道。

机械仓库
能够存放大型车辆。

研磨系统

加工厂

露天开采区 1
（费德里哥边界）

维拉德罗矿

露天开采区 2
（埃姆宝边界）

黄金并不以独立的金属形式存在，而是与其他矿物共生。

营地
坚固的建筑物，位于海拔 3 800 米处。

钻孔塔
用于提取位于地底深处的岩石。

50米

浸滤场所（波特雷里约斯河谷）
黄金在这里与岩石分离。

勘探钻孔

3. 开采

2~5年

费用：9 000万美元

初期工作与现场勘查交织在一起进行。在此阶段，要对最初的研究方案进行确认或修订。一旦确认存在矿床，下一步工作就是确定其规模、储量、产量和开采成本。

矿物富集度
通过从地底深处取样，评估矿物的富集度。

露天矿

矿 的种类有许多种，有些矿位于地底深处，有些则位于地表。地处美国犹他州宾厄姆峡谷的铜矿，不仅是重要的露天矿之一，也是世界上大型的挖掘区之一。它的规模十分巨大，甚至从太空中都可以看到。该矿自 1903 年开始运营，采用类似农业中的梯田的方式进行开采。至今，该矿的开采活动从未停止过，包括周末和节假日。在该矿的开采过程中，对铜的提取过程不但使用了大型的机械，而且使用了湿法冶金化学工艺，即"浸滤"或"浸析"。由于采用了此项技术，可以从每千克含 0.56 克铜的原材料中提取到纯度高达 99.9% 的铜。

金属是如何被提取出来的

▶ 成千上万千克的炸药、房子般大小的卡车和挖掘机、巨大的研磨机等，有了这些工具和设备，就能将坚硬的岩石化为粉尘。进入提取工序时，岩石的温度将被升高至 2 500℃。这座地球上大型的露天矿之一就是通过这些方式提取出了铜。从该矿的工作面上开挖出的原材料中含有氧化的铜矿物。将这些氧化的铜矿物送到研磨机，粉碎成直径为 4 厘米的岩石碎片。然后将这些岩石碎块堆放一起，用水和硫酸溶液进行处理，此过程称为"浸滤"或"浸析"。"浸滤"是一种湿法冶金处理工艺，能够获取氧化矿物中的铜。处理过的材料则进入含铜氧化物的硫酸盐化过程。

1 材料是如何取得的

此过程开始于对岩石的钻孔与爆破。将岩石用大型挖掘机装到卡车上，从矿坑中运走。然后，将岩石卸到移动式研磨机上。研磨过的岩石通过传送带运出矿区，然后用水和硫酸的混合溶液进行喷淋。

2 料堆的安置

通过传送带输送，材料会被带到一个地方形成浸滤堆。在此浸滤堆的顶部装有十个滴灌系统，系统的喷嘴能够覆盖全部裸露区域。这些材料要在此处存放 45 天。

浸滤过程结束时，液体中铜的含量为

45克/升。

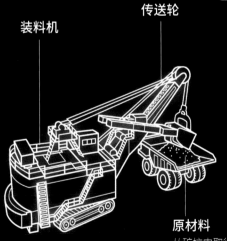

装料机

传送轮

原材料

从矿坑中取得的材料被送到移动式研磨机上。

浸滤

这是一种湿法冶金工艺，利用硫酸和水的溶液从氧化的矿物中获取铜。氧化的矿物易于与酸溶液发生反应。

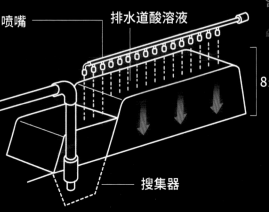

喷嘴

排水道酸溶液

8米

搜集器

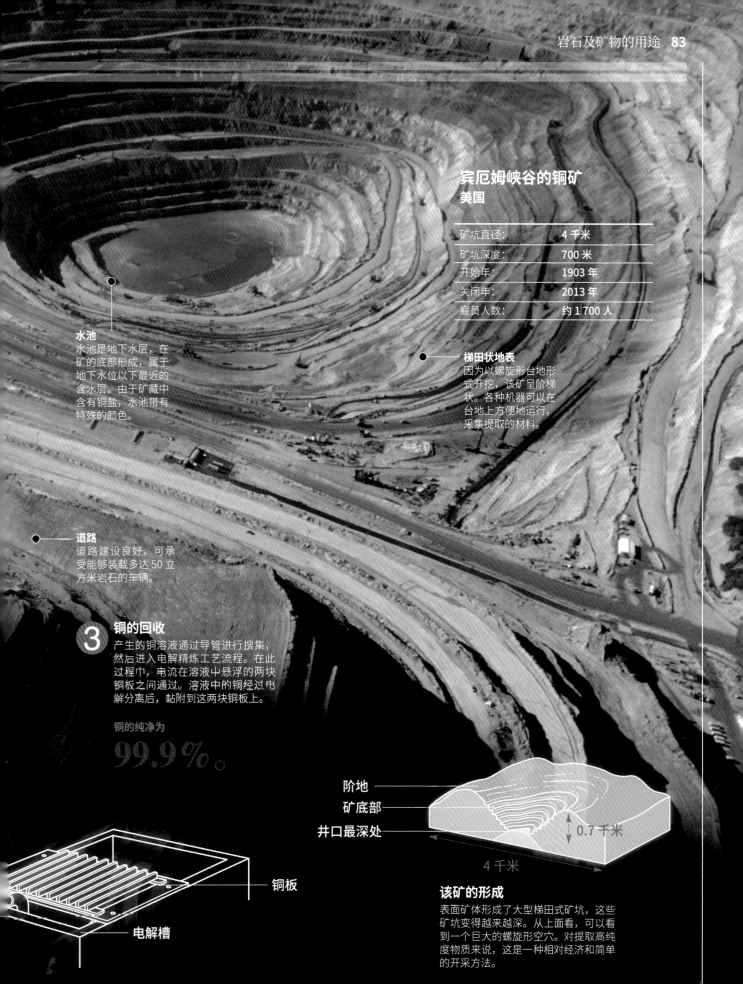

宾厄姆峡谷的铜矿
美国

矿坑直径：	4 千米
矿坑深度：	700 米
开始年：	1903 年
关闭年：	2013 年
雇员人数：	约 1 700 人

水池
水池是地下水层，在矿的底部形成，属于地下水位以下最近的含水层。由于矿藏中含有铜盐，水池带有特殊的颜色。

梯田状地表
因为以螺旋形台地形式开挖，该矿呈阶梯状。各种机器可以在台地上方便地运行，采集提取的材料。

道路
道路建设良好，可承受能够装载多达 50 立方米岩石的车辆。

3　铜的回收
产生的铜溶液通过导管进行搜集，然后进入电解精炼工艺流程。在此过程中，电流在溶液中悬浮的两块铜板之间通过。溶液中的铜经过电解分离后，黏附到这两块铜板上。

铜的纯净为

99.9%。

铜板

电解槽

阶地
矿底部
井口最深处

0.7 千米

4 千米

该矿的形成
表面矿体形成了大型梯田式矿坑，这些矿坑变得越来越深。从上面看，可以看到一个巨大的螺旋形空穴。对提取高纯度物质来说，这是一种相对经济和简单的开采方法。

金光夺目

19世纪中叶，在美国加利福尼亚州的萨克拉门托河发现了黄金，引发了移民潮。美洲、亚洲的淘金者峰拥而至，但是几乎没人能实现暴富的梦想。年复一年，淘金工作需要投入越来越多的时间和设备，最终，设备供应商们获得了最大的利润。黄金是当时人们定居加利福尼亚州的关键原因，高峰时期，移民挤满了加利福尼亚州的社会和市政服务局，每天都要为安置这些移民新建设许多座房屋。

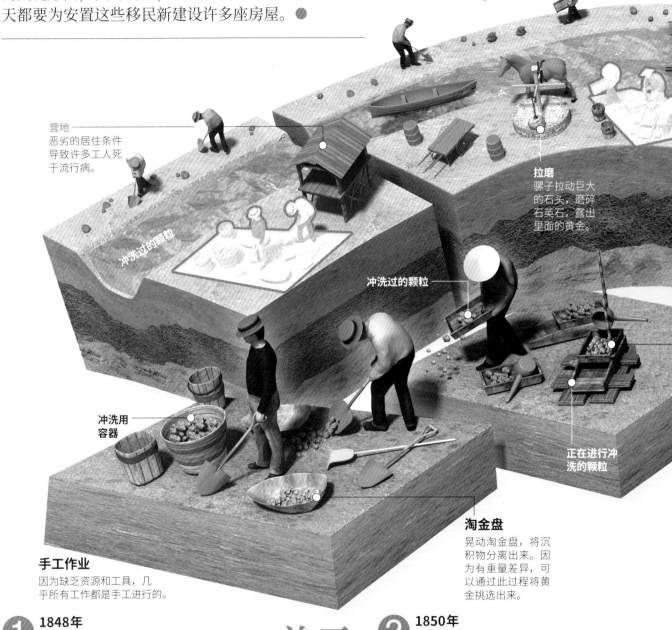

营地
恶劣的居住条件
导致许多工人死
于流行病。

冲洗过的颗粒

拉磨
骡子拉动巨大
的石头，磨碎
石英石，露出
里面的黄金。

冲洗过的颗粒

**冲洗用
容器**

正在进行冲
洗的颗粒

手工作业
因为缺乏资源和工具，几
乎所有工作都是手工进行的。

淘金盘
晃动淘金盘，将沉
积物分离出来。因
为有重量差异，可
以通过此过程将黄
金挑选出来。

❶ 1848年
1月24日早晨，詹姆斯·马歇尔在为他
的雇主约翰·萨特建设锯木厂时，在萨
克拉门托河的河岸上发现了黄金。这一
发现彻底改写了加利福尼亚州的历史。

16美元
当时一块地价格为16美元；
18个月之后，一块地的价格
暴涨至45 000美元。

❷ 1850年
加利福尼亚成为美国的第31个州。
因为大量移民的涌入可能会降低工人
的薪水，奴隶制被废除了。不过，该
州认可《逃亡奴隶法案》。根据此项
法案，进入加利福尼亚州的每个逃奴
都必须被遣返给其主人。

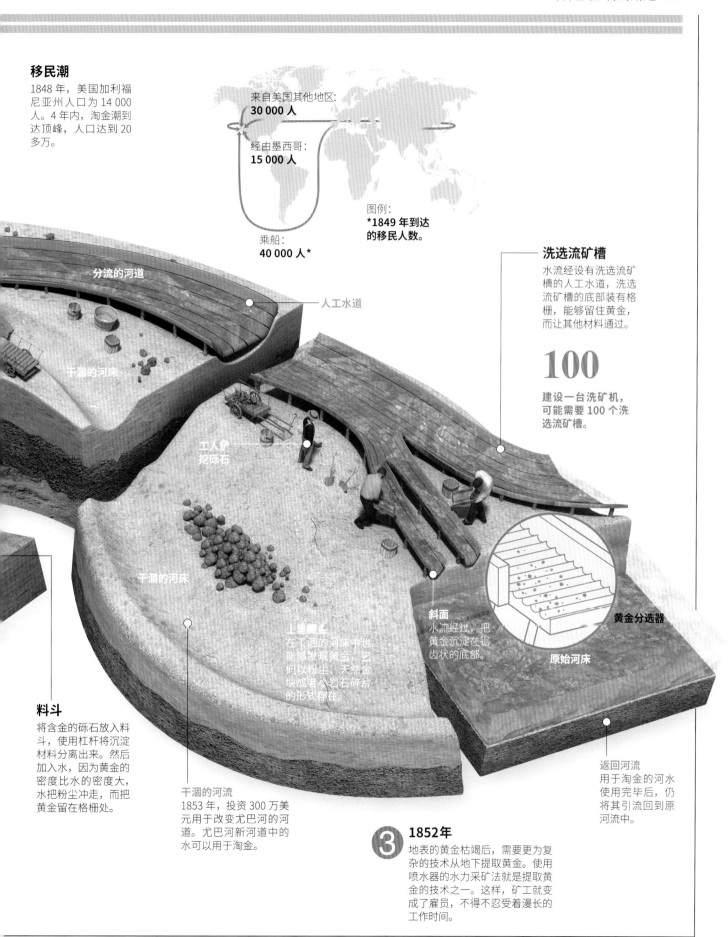

移民潮

1848 年，美国加利福尼亚州人口为 14 000 人。4 年内，淘金潮到达顶峰，人口达到 20 多万。

来自美国其他地区：
30 000 人

经由墨西哥：
15 000 人

图例：
*1849 年到达的移民人数。

乘船：
40 000 人*

分流的河道

人工水道

干涸的河床

工人铲挖砾石

干涸的河床

工里黄金
在下涸的河床中也能够发现黄金，它们以粉尘、天然金块或者小岩石碎片的形式存在。

洗选流矿槽

水流经设有洗选流矿槽的人工水道，洗选流矿槽的底部装有格栅，能够留住黄金，而让其他材料通过。

100

建设一台洗矿机，可能需要 100 个洗选流矿槽。

斜面
水流经过，把黄金沉淀在锯齿状的底部。

黄金分选器

原始河床

料斗

将含金的砾石放入料斗，使用杠杆将沉淀材料分离出来。然后加入水，因为黄金的密度比水的密度大，水把粉尘冲走，而把黄金留在格栅处。

干涸的河流
1853 年，投资 300 万美元用于改变尤巴河的河道。尤巴河新河道中的水可以用于淘金。

返回河流
用于淘金的河水使用完毕后，仍将其引流回到原河流中。

③ 1852年
地表的黄金枯竭后，需要更为复杂的技术从地下提取黄金。使用喷水器的水力采矿法就是提取黄金的技术之一。这样，矿工就变成了雇员，不得不忍受着漫长的工作时间。

黑如煤炭

煤炭是"工业革命"中享有盛名的产业的推动力。一些采煤的矿井就是这种开采方式的典型案例。虽然这些煤矿的开采存球的矿的产宝藏。开采煤炭的矿井采的矿井，人们进入地球内部，开采地在较高的成本和风险，但是它们对环境的影响较小。●

煤层如何开采出来的？

6. 配送 矿车将从矿井中挖出的煤运送到各个消耗点。

5. 洗煤和分类 出井后的煤与泥浆和岩石混杂在一起，所以必须对其进行冲洗，并按照质量和大小对其进行分类。

通过倾斜的方法将煤从其他物质中分离出来。

洗煤和分类装置

煤

含杂质的煤

水

煤尘

煤团块

煤矸石

杂质

通风 如果通风不畅，甲烷这种爆炸性气体就会在巷道中积聚，随时有爆炸的危险。

新鲜空气入口

抽提塔

辅助井

通过主井，将煤送到
提升机，再由提升机
将煤运到地面。

矿工交通

巷道内的交通
矿工步行或乘矿
车到达煤层。

超过 4 千米
各矿井可以达到的深度。

输送带

主井
（直径 5~7 米）

污浊空气出口

煤炭提
升机

巷道
用于矿井内交
通的隧道。

3. 运输
开掘出的煤炭被送到
输送带上，输送带将
煤炭送到主井，再通
过主井送到地面。

2. 抽提
抽提是连续性开采中
广泛采用的方法，通
过机器利用机械能抽
提煤炭。

运动臂

煤层

1. 打孔
打造垂直的坑道，
从而进入矿脉进
行开采。

黑　金

石油是一种不可再生能源，因其作为能源的重要经济价值，被称为"黑金"。寻找石油需要耗费大量的资金，并需要经过多年的调研和勘探，而且这还并不能保证一定能找到石油。一旦发现油田，石油的开采则需要各种昂贵的设备，包括从油泵到把石油转化为多种衍生产品的精炼设备。石油贸易是全球利润丰厚的业务之一，石油的价格变化会影响到国民经济，引起诸多国家的警觉。●

3. 抽取
如果钻井产量高，则拆除钻塔，安装抽取系统。

泵送石油的自然方法

驱动力是溶解在石油矿藏中的气体。

积聚在矿藏中的气体将石油向外压出。

然后，因为水的注入，水在石油下面聚积，把石油向上推出。

石油是如何获得的

1. 找矿
使用各种间接方法来查看是否存在碳氢化合物。不过，获得的信息并不是完全准确的。

震源测井车
在勘测区域的不同地点布置震源测井车。

2. 勘测
一旦侦测到矿藏，就可以进行地层钻探，以验证石油储量是否具有经济潜力。

用于输送钻探泥浆

电机

回收钻探泥浆的料池

钻杆柱或钻柱
此管道将被埋入地面。

泵发动机

泵送系统
如果石油不能自然流动，则通过泵送系统进行抽取。

振动层

地震检波器

地震波
穿透地球地壳的各个层面，当经过的岩石类型产生变化时，地震波就会被反射到地表。

反射波
地震检波器记录这些反射波的情况。根据获得的数据，生成地震剖面数据图。

1 钻探
强大有力的电机带动钻井的钻柱转动。

2 钻头
钻头穿过位于地表和地表下面的碳氢化合物层之间的岩石层。

3 注意
一旦发现石油，就要放慢钻探的速度，并关闭各个阀门，以防石油在高压下喷出地面。

探测井

钻头详图

带锯齿的辊轮

固态岩石

钻探泥浆
沿着管道向下流，通过钻头孔口排出。

泥浆上升的同时携带着岩石，这些岩石能显示出哪些地层已被钻透。

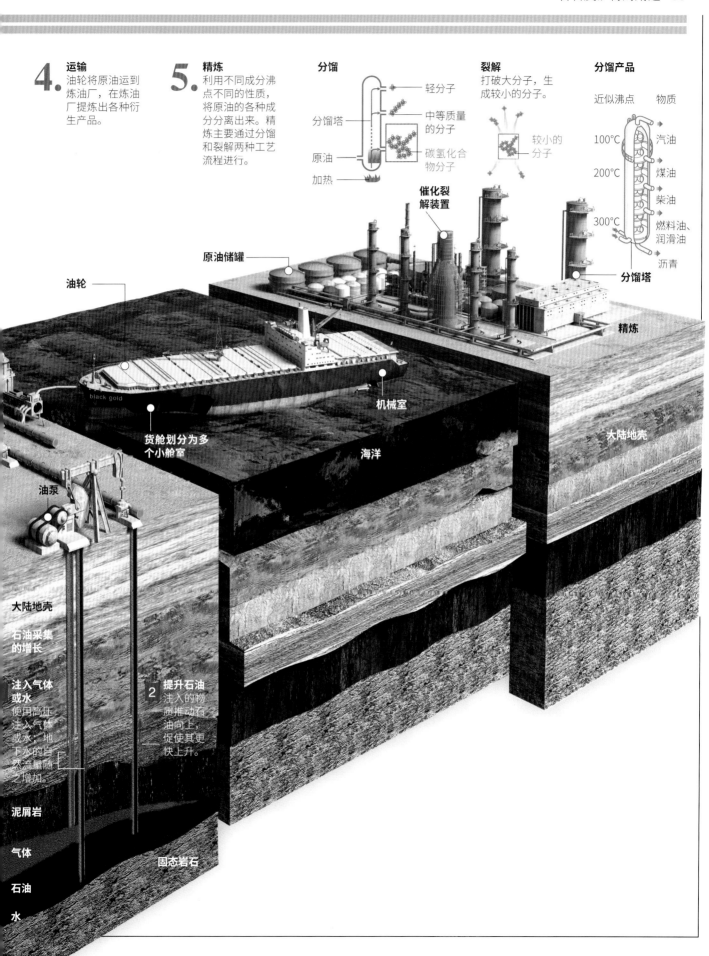

4. 运输
油轮将原油运到炼油厂，在炼油厂提炼出各种衍生产品。

5. 精炼
利用不同成分沸点不同的性质，将原油的各种成分分离出来。精炼主要通过分馏和裂解两种工艺流程进行。

分馏
- 轻分子
- 中等质量的分子
- 碳氢化合物分子

分馏塔

原油

加热

裂解
打破大分子，生成较小的分子。

较小的分子

分馏产品

近似沸点	物质
100℃	汽油
200℃	煤油
	柴油
300℃	燃料油、润滑油
	沥青

分馏塔

催化裂解装置

原油储罐

精炼

油轮

机械室

black gold

大陆地壳

海洋

货舱划分为多个小舱室

油泵

大陆地壳

石油采集的增长

注入气体或水
使用高压注入气体或水，地下水的自然流量随之增加。

2 提升石油
注入的物质推动石油向上，促使其更快上升。

泥屑岩

气体

石油

水

固态岩石

放射性物质

20 世纪 40 年代，铀和钍被首次使用，不过主要用于军事目的：第二次世界大战结束后，核反应堆和核燃料开始被用作能量来源。为处理这些物质必须建立核工厂。因为利用核能的风险非常高，核工厂的建立必须遵循许多安全规则。切尔诺贝利核事故以及日本福岛核事故，都是核能失控造成的典型案例。下述图片描述了核反应堆的结构与堆芯和铀的处理方法，以及如何和平地使用核能。●

压力容器

◥◣ 核反应堆被安置在一个钢铁制作的容器内，容器厚度大约为 0.5 米。核燃料被封装在一个由锆合金制作的壳体中，被放在此容器内部的中空地区。这种设计有助于满足核安全方面的首要目标：防止放射性产品泄露到周围环境中。

铀处理

铀-235 是已知的唯一一种自然状态下的同位素，很容易发生裂变。因为这个原因，铀-235 是核电厂使用的主要燃料。虽然在地壳中很少发现铀-235，但常能在河床上富集的沉积物中发现此种物质。

反应器的核心

反应器的核心位于此安全容器的下部，那里大约有 200 组燃料室，燃料室的直径为 1 厘米，高度为 4 米。

水团的温度为

300℃。

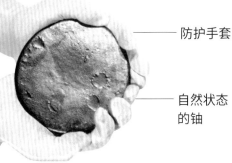

—— 防护手套

—— 自然状态的铀

—— 燃料棒中使用的铀弹

—— 产生核反应的各组燃料棒

—— 控制棒

这种特殊的建筑物由混凝土和钢筋建成，安放和保护着反应堆的各个部件。建筑物内还有上述的压力容器、四台蒸汽发生器、一台泵（用于堆芯周围的冷却水循环）和一台压缩机（保持水压）。

钢筋混凝土墙壁

燃料吊架

吊架桥

钢结构

用于提升或放低控制棒的挂钩

钢筋混凝土墙体

水储罐

铀棒

蒸汽发生器

水

铀棒堆芯

冷却液体泵

燃料棒容器

管道槽

碳 14 测量法

碳 14 测量法是一种利用放射性同位素指数衰变法则测定有机物化石标本的方法。一种活着的生物体在其死亡 5 730 年后，其尸体中碳 14 的含量将减少一半。因此，测量出有机物中碳 14 的残余量，就能由此推算出该生物体的死亡时间。

50 000 年

猛犸象幼象

铀在医学中的应用

应用核能有助于疾病（如癌症）的诊断和治疗。在临床方面，核能可以在症状恶化前相当长一段时间内就检测到各种变异，便于进行更早、更有效的治疗。

甲状腺吸收 ^{99M}TC

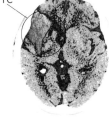

使用正电子放射体层摄影，进行甲状腺闪烁照相。

安全防护服

在处理放射性物质（如耗尽的燃料棒）时，因为存在高辐射，工作人员必须穿着特制防护服。

防护服是完全密封的，将工作人员与外界隔离。

工作人员背着氧气瓶。氧气瓶使用软管连接，这样工作人员就能够呼吸了。

双手必须佩戴隔离手套以进行防护。

术　语

白云岩

主要由白云石组成的碳酸盐岩，有时杂有方解石、黏土矿物或石膏。

板岩

具特征板状构造的浅变质岩石，由黏土岩、粉砂岩和中酸性凝灰岩经轻微变质作用所形成。

宝石

因美丽和稀有而珍贵的矿物或其他天然材料，可以对其进行抛光并切割制成珠宝。

背斜

褶皱构造中岩层向上拱曲的部分。

变质岩

在地壳发展过程中，原来已存在的岩石受内动力地质作用影响，在基本保持固态的情况下发生结构、构造和矿物组成等改变而形成的一类新的岩石。

冰川

极地或高山地区沿地面运动的巨大冰体。

布拉维格子

根据某些数学原理建立的三维晶体系统，代表了 14 种晶体单元。

沉积物

沉积在陆地或水盆地中的由母岩风化作用、生物作用、化学作用和某种火山作用产生的松散碎屑物、沉淀物或有机物质。

沉积岩

当沉积物受到物理作用和化学作用时，被压缩而变得致密，这些沉积物的累积形成沉积岩。沉积物可以在河岸、悬崖底部、山谷、湖泊和海洋中形成。

出露层

从地表突出的缺少植被或土壤的岩层部分。

磁性

物质和磁场相互作用的性质。

大理石

由石灰岩或白云岩受接触变质作用或区域变质作用而重结晶形成的变质岩，主要成分为方解石或白云石。

代

地质年代等级系列中低于"宙"而高于"纪"的地质时间单位。

弹性

物体在外力作用下产生变形，若除去外力后变形随即消失并且物体恢复原状的性质。

地壳

地球的外层，分为两种类型：大陆地壳构成陆地主体，海洋地壳构成海洋的底部。

地幔

地壳和外地核之间的圈层，包括上地幔和下地幔。

地震

一种突发的地表震动现象。分为构造地震、火山地震、陷落地震等。

地震波

地震发生时所产生的波动。分纵波和横波两种，前者速度比后者快。

地质构造板块

地球岩石圈层被洋中脊、海沟、转换断层等构造活动带分割形成的不连续板状岩石圈块体。

地质学

主要研究地球的物质组成、内部构造、各种地质作用，地球形成和演变的过程和规律，及其在国民经济建设和社会发展中的应用等的学科。

断层

岩块因受地质应力作用而发生错断，且沿断裂面其两侧岩块间有明显相对移动的一种断裂构造。

断口

矿物的单晶体或集合体，在外力打击下不沿一定结晶方向破裂而形成的断开面。

对称轴

能够让晶体各面重复以形成不同形状的轴。

地幔对流

发生在软流层内的地幔物质对流。

非晶质

其内部原子在三维空间呈短程有序但长程无序分布的固态物质。

分子

物质中能够独立存在并保持该物质所有化学特性的最小微粒。

风化

地壳表面岩石在大气、水和生物等外力的长期联合作用下发生破坏或化学分解的现象。

构造抬升

由地质构造板块运动产生的岩石抬升。

隔水层

透水性很低，透过与给出的水量微不足道的岩层。

固结

松软土在外力作用下发生压缩、失水而逐渐密实的过程。

光泽

矿物表面对可见光反射的表现。

硅酸盐

硅、氧与金属（主要是铝、铁、钙、镁、钾、钠等）结合而成的化合物的总称。

硅藻土

由硅藻遗体沉积而成的一种硅质岩。

海沟

位于大陆边缘或岛弧与深海盆地之间、两侧边坡陡峭的狭长洋底巨型凹地。

花岗岩

分布最广的酸性深成岩。含二氧化硅最高（超过 65%）。主要由石英、碱性长石、酸性斜长石和少量深色矿物组成。

化合物

由两种或两种以上元素的原子或离子组合而成的物质。

化石

由于自然作用而保存于地层中的古生物的遗体、遗迹等的统称。

化石燃料

由地史时期生物有机体形成的现存于地层中的碳氢化合物。如煤、石油、天然气等。

火成岩

又称"岩浆岩"，是由高温岩浆在地下深处或喷出地表经冷凝固结而成的岩石。

火山锥

火山喷发物在火山口附近堆积成的锥状山地。

基岩

地球陆地表面疏松物质（土壤和底土）底下的坚硬岩层。

碱

通常指在水溶液中电离产生氢氧根离子的化合物。

胶结作用

胶结物充填于松散的颗粒状沉积物之间的孔隙中，并使之胶结成坚硬岩石的作用。

接触变质作用

由岩浆侵入带来的热和流体对围岩作用而发生的一种变质作用。

金伯利岩

超基性岩的一种，是原生金刚石矿的主要母岩。

金属

一类富特殊光泽、不透明，具有良好导电性、导热性、延展性的物质。

晶洞构造

侵入岩尤其是浅成花岗质岩石中的一些气液混合体在冷凝时逸出所遗留的空洞构造。

晶体

其内部结构中的原子在三维空间作长程周期性平移重复有序排列而组成格子构造，并因而具有均一性、遵守晶体对称定律的特定对称性和各向异性的固体。

晶系

根据晶格的对称性对晶体分类的一种体系。

晶形

晶体成长时自发形成的天然几何多面体的外形。

解理

晶体在外力打击下能沿晶格中一定方向的面网发生破裂的固有性质。

喀斯特循环

岩溶洞穴的形成周期。

可塑性

矿物的一种机械属性，通过反复敲打，矿物可以被塑造成薄片而不断裂。

克拉

计量宝石质量的单位，1 克拉相当于 0.2 克。

矿藏

地下埋藏的各种矿物的总称。

矿脉

呈板状或近似于板状的矿体。

矿物

由地质作用所形成的、一般为结晶态的天然化合物（绝大多数为无机化合物）或单质。

裂缝

由于张力引起的岩石中的裂痕或孔洞，可能被矿物完全或部分填充。

煤炭

来源于有机物的可燃性黑色岩石，通过蓄积在沼泽或浅海里的植物分解而产生。

密度

指一种矿物每单位体积的质量。

莫氏硬度表

一种工具表，通过将给定矿物与 10 种从最软到最硬的已知矿物相比较，测试给定矿物的硬度。每种矿物能够被排列其后的矿物划出划痕。

侵入

当岩浆渗透地层、冷却并固化时，将在地下空隙地区形成大量岩石的过程。

侵蚀

地表物质在外营力作用下从地面分离的过程。

丘

山坡陡峭和顶部平坦的小山，出现在发生过严重侵蚀的地区。

区域性变质

大面积的岩石变质作用。

热电材料

利用固体内部载流子运动实现热能和电能直接相互转换的功能材料。

热液矿化作用

热液中成矿物质运移、富集、沉淀成矿的作用。

溶洞

地下水沿可溶岩层层面节理或裂隙进行溶蚀，不断扩大而成的岩石空洞。

韧性

材料在断裂前吸收能量的特性。

溶液

由两种或两种以上不同物质所组成的均匀物系。

熔岩

由溢出地表的熔融岩浆冷凝而形成的火山岩。

软流圈

岩石圈之下的一个圈层，推测为塑性状态的超铁镁物质。

砂矿床

由岩石或矿床在地表风化、侵蚀和搬运过程中产生的化学性质稳定的矿物碎屑物富集堆积而成的矿床。

石化作用

使沉积物转变为岩石的作用。

石灰岩

以方解石为主要矿物成分的碳酸盐岩。

石笋

溶洞中直立洞底的碳酸钙淀积物。

石英岩

石英含量大于 75% 的变质岩，由石英砂岩或硅质岩经区域变质作用，或热接触变质作用重结晶而成。

条痕

条痕是矿物在无釉白瓷板上划擦而留下的粉末痕迹。

细菌

单细胞的微小原核生物。

峡谷

狭而深的谷地。两坡陡峭，横剖面常呈 V 字形。因河流强烈下切而成。

向斜

褶皱构造中岩层向下拗曲的部分。

压电效应

电介质（如石英、电气石、酒石酸钾钠等晶体）

在压力作用下发生极化而在两端表面间出现电势差的现象。

岩浆

自然形成于地壳深部或上地幔的一种炽热的、黏度较大的硅酸盐熔融体，少数情况下可为碳酸盐熔融体。

岩石

天然产出的具有稳定外形的矿物集合体，是组成岩石圈的最主要物质。

岩石圈

地球外部坚硬的一层，由地壳和上地幔构成。

岩屑坡

岩屑坡又称岩屑堆或石流坡。主要由重力作用和坡面微弱冲刷作用所形成的非地带性地貌。

氧化带

氧化带是在表生作用条件下氧化作用所造成的蚀变矿床区域。

荧光

某些矿物、半导体物质、有机分子和生物分子常常在短波长的可见光或紫外线照射下发射可见的荧光。

硬度

固体对外力之刻划、压入等机械作用力的抵抗强度。

玉

色泽丽润、质地细腻而且坚韧、工艺性能优良的天然矿物隐晶质（少数为非晶质）致密块状集合体。

原子

组成单质和化合物分子的微粒。

黏土

国际土壤质地分类标准规定含黏粒在 25% 以上的土壤。

褶皱

成层岩石受力后发生波状弯曲，但其连续性未受破坏的一种构造变形。

蒸发

在液体表面发生的汽化现象。

钟乳石

溶洞中自洞顶下垂的一种碳酸钙淀积物。

装饰石

它们不是宝石，但是可用于制作珠宝或其他装饰目的。

Photo Credits：Age Fotostock, Getty Images, Science Photo Library, Graphic News, ESA, NASA, National Geographic, Latinstock, Album, ACI, Cordon Press

Illustrators：Guido Arroyo, Pablo Aschei, Gustavo J. Caironi, Hernán Cañellas, Leonardo César, José Luis Corsetti, Vanina Farías, Joana Garrido, Celina Hilbert, Isidro López, Diego Martín, Jorge Martínez, Marco Menco, Ala de Mosca, Diego Mourelos, Eduardo Pérez, Javier Pérez, Ariel Piroyansky, Ariel Roldán, Marcel Socías, Néstor Taylor, Trebol Animation, Juan Venegas, Coralia Vignau, 3DN, 3DOM studio, Jorge Ivanovich, Fernando Ramallo, Constanza Vicco, Diego Mourelos.

江苏省版权局著作权合同登记 10–2021–101 号

图书在版编目（ＣＩＰ）数据

岩石与矿物 / 西班牙 Sol90 公司编著 ; 朱建廷译
. — 南京 : 江苏凤凰科学技术出版社, 2023.5（2024.3重印）
（国家地理图解万物大百科）
ISBN 978–7–5713–3376–8

Ⅰ. ①岩… Ⅱ. ①西… ②朱… Ⅲ. ①岩石－普及读
物②矿物－普及读物 Ⅳ. ① P583–49 ② P57–49

中国版本图书馆 CIP 数据核字 (2022) 第 258715 号

国家地理图解万物大百科　岩石与矿物

编　　　著	西班牙 Sol90 公司
译　　　者	朱建廷
责 任 编 辑	张　程
责 任 校 对	仲　敏
责 任 监 制	刘文洋

出 版 发 行	江苏凤凰科学技术出版社
出版社地址	南京市湖南路 1 号 A 楼，邮编：210009
出版社网址	http://www.pspress.cn
印　　　刷	上海当纳利印刷有限公司

开　　　本	889mm×1 194mm　1/16
印　　　张	6
字　　　数	200 000
版　　　次	2023 年 5 月第 1 版
印　　　次	2024 年 3 月第 6 次印刷

标 准 书 号	ISBN 978–7–5713–3376–8
定　　　价	40.00 元